DIE TALSPERREN ÖSTERREICHS

Dr. techn. Dipl. Jng. Roland Kettner

Zur Formgebung und Berechnung der Bogenlamellen von Gewölbemauern

WIEN 1959 · IM SELBSTVERLAG DES
ÖSTERREICHISCHEN WASSERWIRTSCHAFTSVERBANDES

ISBN 978-3-211-80527-5 ISBN 978-3-7091-5734-3 (eBook)
DOI 10.1007/978-3-7091-5734-3

1. EINLEITUNG

1,1. Zweck und Aufgabe der Arbeit:

Der Verfasser vorliegender Arbeit hat es sich zum Ziele gesetzt, die Berechnung der Horizontalelemente von Gewölbestaumauern (Bogenlamellen) mit verschiedener geometrischer Ausbildung zusammenfassend darzustellen und hiebei sowohl bereits bestehende Gebrauchsformeln entsprechend zu erweitern als auch für bestimmte Gegebenheiten die günstigste Bogenform und deren Untersuchung anzugeben. So wird die Berechnung von Bogen mit stetig veränderlicher Stärke und kreisförmiger Achse nach dem Veränderlichkeitsgesetz von Perkins (siehe Abschnitt 3,1.2,1) durch die Berücksichtigung elastisch nachgiebiger Widerlager wie auch eines Temperaturgefälles zwischen Luft- und Wasserseite (ungleichmässige Temperaturänderung) ergänzt. Ferner werden die für statische Vorberechnungen erforderlichen Ausdrücke von Bogenlamellen mit konstanter Stärke, jedoch mit elliptisch geformter Achse, allgemein mathematisch abgeleitet (siehe Abschnitt 3,2.1,1).

Gleichzeitig war es das Bestreben des Verfassers, besonderes Augenmerk auf Berechnungsmethoden und -Hilfsmittel hinsichtlich der praktischen Anwendung und Zeitersparnis zu legen. Zu diesem Zwecke wurden Kurventafeln ausgearbeitet und im Anhang (siehe Abschnitt 5) der Arbeit beigefügt, welche es ermöglichen, den Zeitaufwand der numerischen Rechnungen bei statischen Voruntersuchungen von Gewölbemauern zu verringern, was vor allem bei Entwurfsarbeiten von Vorteil ist und in der Praxis immer wieder angestrebt wird.

1.2. Berechnungsmethoden:

Als äusseres Merkmal einer Gewölbemauer ist ihre ausgeprägte Krümmung zu bezeichnen, welche entweder in Horizontalebenen - also nur im Grundriss - oder aber auch gleichzeitig in Vertikalebenen vorgesehen sein kann. Ist im ersteren Falle die Sperre durch einen in allen Horizonten konstanten Aussenradius (wasserseitigen Krümmungsradius) gekennzeichnet, so ist sie in die Gruppe der Zylindermauern einzureihen; im anderen Falle - der doppelten Krümmung - zählt sie zu den Kuppelmauern. Letztere Mauerform ergibt sich zumeist bei Sperren mit nahezu konstant gehaltenem Zentriwinkel, die aus diesem Grunde auch als Gleichwinkelmauern nach L.R.Jörgensen (Lit.1) bezeichnet werden.

Als inneres Merkmal einer Gewölbemauer kann vom statischen Gesichtspunkt aus die Art des Kräfteflusses angesehen werden. Während bei den reinen Gewichtsmauern die Lastübertragung in den Untergrund vorwiegend in Vertikalebenen und durch das Eigengewicht des Sperrenkörpers erfolgt, werden bei den Gewölbesperren die äusseren Lasten zu einem mehr oder weniger grossen Ausmass durch die Bogenwirkung in horizontaler Richtung auch an die Talflanken übertragen. Man unterscheidet daher je nach Überwiegen der Gewichts- oder der Bogenwirkung:

gekrümmte Gewichtsmauer

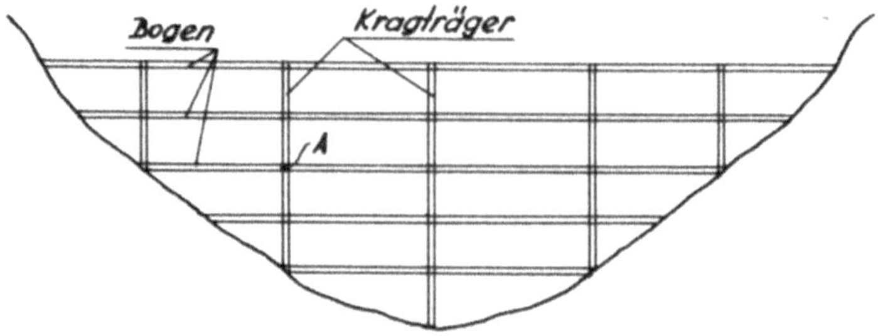

1a) Aufriss (Abwicklung)

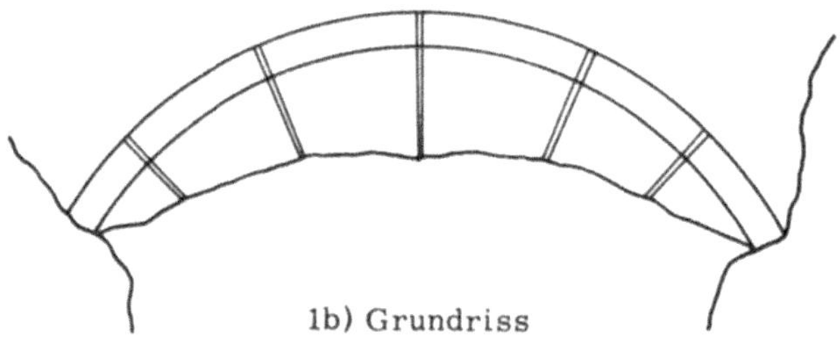

1b) Grundriss

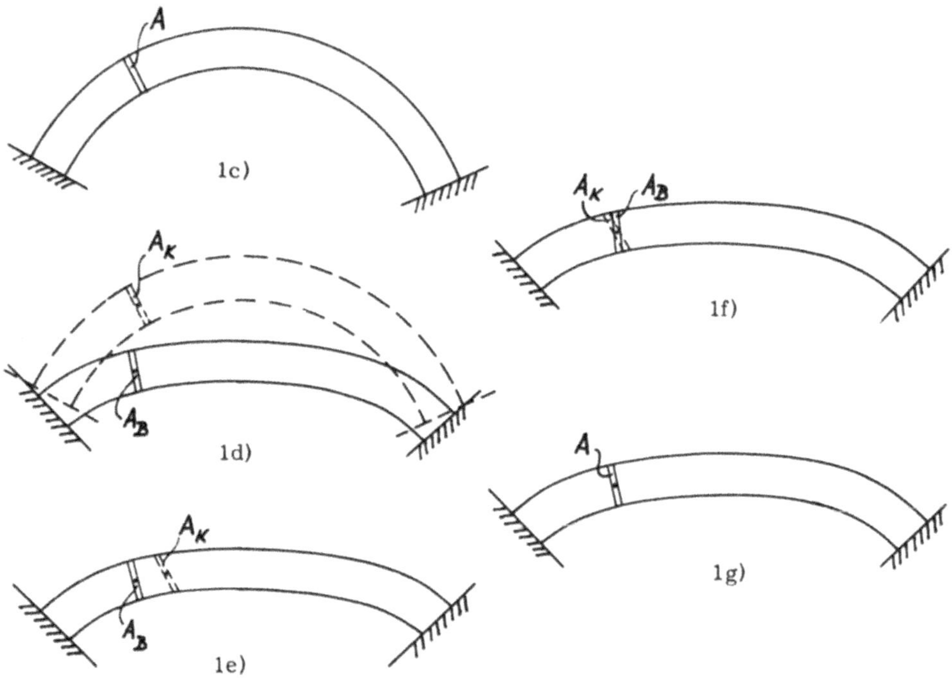

Abbildung 1

Gewölbegewichtsmauer
Gewölbemauer

wobei die Bogenwirkung in der angegebenen Reihenfolge zunimmt. (Lit. 32, 34, 35).

Die Berechnungsmethoden von Gewölbemauern, welche uns heute zur Verfügung stehen, können, abgesehen von ganz groben Näherungsverfahren wie sie z.B. die Kesselformel darstellt, in folgende zwei Hauptgruppen eingeteilt werden:

1/ Das Rostverfahren, mit der Unterteilung
  1,1/ Versuchslastverfahren
  1,2/ Lastaufteilungsverfahren
2/ Die Schalentheorie.

Da sich die vorliegende Arbeit auf die erstere Untersuchungsmethode bezieht, sei im folgenden das Rostverfahren etwas näher erläutert, obwohl dieses in mehreren Abhandlungen bereits eingehend beschrieben wurde. (Lit. 2, 3, 4, 30).

1,2.1. Das Rostverfahren:

Man denkt sich die Sperre in eine Reihe von Bogen- und Kragträgerelemente zerlegt, welche durch horizontale und vertikale - in radialer Richtung gelegte - Schnittebenen gebildet werden. Gehört z.B. die zu untersuchende Sperre zum Typ der Zylindermauern, so gehen alle Vertikalebenen durch eine gemeinsame vertikale Schnittlinie. Die Horizontalebenen, welche gewöhnlich in Abständen von einem Meter gelegt werden, bilden die Bogenlamellen und die Vertikalebenen, im Abstand einer Längeneinheit, gemessen entlang eines Bezugskreises (zumeist der wasserseitige Kronenbogen), definieren die Kragträgerelemente. Die Gesamtheit aller auf diese Weise festgelegten Bogenelemente füllt den Sperrenkörper lückenlos aus, ebenso wie die Gesamtheit aller Kragträgerlamellen das Mauervolumen kontinuierlich einnimmt. In die Berechnung wird jedoch nur eine begrenzte Anzahl als Vertreter dieser beiden Trägersysteme eingeführt (siehe Abb. 1a) und nach den Methoden der Stabstatik untersucht (scheibentheoretische Untersuchung der Bogenelemente s. Lit. 28).

Berücksichtigt man zur besseren Anschaulichkeit nur den horizontalen Stauwasserdruck und lässt diese äussere Last in voller Grösse auf die Bogenlamellen wirken, so wird z.B. das Element A, das der weiteren Betrachtung unterzogen werden soll und als Teil der Bogenlamelle mit A_B bezeichnet werde, gemäss Abb. 1d nicht nur radial flussabwärts und tangential zum linken Kämpfer hin verschoben, sondern auch um eine vertikale Achse verdreht. Als Teil der Kragträgerlamelle hat das Element A_K keine Verschiebungen und Verdrehung erfahren. Um die Kontinuität des Verformungszustandes herbeizuführen, sind am Bogen wie am Kragträger gleich grosse, jedoch entgegengesetzt wirkende Radial-, Tangential- und Verdrehungskräfte anzubringen. Im sogenannten Radialausgleich wird durch radial gerichtete Übertragungskräfte erreicht, dass die gegenseitige relative Radialverschiebung der Teilchen A_B und A_K zu Null wird, d.h. dass die beiden Teilchen A_B und A_K die gleiche Verschiebung in radialer Richtung erhalten. Es läuft auf dasselbe hinaus, wenn man sich vorstellt, dass ein Teil des vollen hydrostatischen Druckes auf den Bogen und der Rest auf den Kragträger wirkt. Wie in Abb. 1e dargestellt, ist nach dem Radialausgleich die Koinzidenz in tangentialer Richtung noch nicht hergestellt und das Bogenteilchen ist in bezug auf das Kragträgerteilchen verdreht. Durch Aufbringung von Tangentiallasten am Bogen und ebensolcher von gleicher Grösse und entgegengesetzter Wirkungsrichtung am Kragträger wird die Übereinstimmung der beiden Teilchen in tangentialer Richtung erzielt (Tangentialausgleich, siehe Abb. 1f) und mit Hilfe entsprechender Torsionsmomente wird die gegenseitige Verdrehung aufgehoben (Torsionsausgleich). Damit ist im belasteten Zustand die Kongruenz des gemeinsamen Teilchens A im Grundriss (siehe Abb. 1g) erreicht. Eine Übereinstimmung in vertikaler Richtung wie auch Verdrehungen um eine radiale Achse - gleiche Verdrehungen des gemeinsamen Teilchens A um eine tangentiale Achse sind bei Durchführung des Torsionsausgleiches (Verdrehungen um eine vertikale Achse) gegeben - werden wegen Kleinheit vernachlässigt. Da sich die einzelnen vorangeführten Ausgleiche gegenseitig beeinflussen (jeder Ausgleich bewirkt Radial- und Tangentialverschiebungen wie auch Verdrehungen), sind sie mehrmals auszuführen, bis eine hinreichend genaue Koinzidenz u.zw. in allen Kreuzungspunkten des Rostsystems hergestellt ist, welche jedoch wegen der starken Konvergenz im allgemeinen schon in der zweiten Ausgleichsstufe erreicht wird. Mit der Bestimmung der statisch unbestimmten Übertragungskräfte ist die Lastaufteilung auf die beiden Tragsysteme (Bogen und Kragträger) gegeben und es können, getrennt für Bogen und Kragträger, die Spannungen ermittelt werden, bzw. lassen sich in entsprechenden Punkten die Hauptspannungen berechnen. Das Verfahren, welches im Rahmen dieser Arbeit nur in groben Zügen wiedergegeben wurde, bleibt bei Mitberücksichtigung der übrigen auf das Bauwerk einwirkenden Lasten (vertikaler Wasserdruck, Auftrieb, Erddruck, Eisdruck, Erdbebenkräfte, Temperaturänderungen und Eigengewicht) prinzipiell das gleiche.

Hinsichtlich der Ermittlung der Lastaufteilung bzw. der Übertragungskräfte lässt sich unterscheiden:

1,2.1,1 Das Versuchslastverfahren, (Trial Load Method, vorwiegend von amerikanischen Ingenieuren entwickelt) bei welchem zuerst eine Lastaufteilung angenommen wird und die daraus resultierenden Verformungskomponenten der beiden Tragsysteme in den Kreuzungspunkten berechnet und verglichen werden. Dann werden die Übertragungskräfte schrittweise durch Probieren solange korrigiert, bis eine hinreichende Koinzidenz in allen Kreuzungspunkten erreicht ist. Dies gilt für den Radial- wie für den Tangential - und Torsionsausgleich.

1,2.1,2 Das Lastaufteilungsverfahren, welches die unmittelbare Bestimmung der Übertragungskräfte, für jeden Ausgleich getrennt, aus einem linearen Gleichungssystem (Elastizitätsgleichungen) ermöglicht. Die Gleichungen selbst können aus der Bedingung heraus aufgestellt werden, dass in den Kreuzungspunkten die Verschiebungen und Verdrehungen der Bogen- und Kragträgerlamellen gleich gross sein müssen. Damit erhält man in jedem Ausgleich (Radial-, Tangential- und Torsionsausgleich) ebensoviele Gleichungen mit der gleichen Anzahl an Unbekannten wie Kreuzungspunkte vorhanden sind und die Lösungswerte dieser drei Gleichungssysteme stellen die gesuchten Übertragungskräfte dar.

Bei Entwurfsarbeiten ist es üblich, die Lastaufteilung durch Gleichsetzung der Radialverschiebungen allein u.zw. nur in einem Vertikalschnitt, zumeist im Bereich der grössten Sperrenhöhe, zu bestimmen (einschnittiger Radialausgleich), d.h. dass neben einer Anzahl von Bogenlamellen - ungefähr vier bis sechs Lamellen, je nach der Grösse des Bauwerkes - nur eine Kragträgerlamelle in die Untersuchung einbezogen und die Lastverteilung entlang der Bogenlamellen näherungsweise als konstant angenommen wird. Eine solche Untersuchung, welche auch als Vorberechnung bezeichnet wird, erlaubt es, in relativ kurzer Zeit einen Einblick in das Spannungsbild zu erhalten. Jedoch gibt erst eine Hauptberechnung genaueren Aufschluss über die Spannungsverhältnisse. Sie wird nach Vorliegen des Felsausbruches, also nachdem die Einbindelinie bekannt ist, zumeist in Form eines mehrschnittigen Radialausgleiches oder eines mehrschnittigen vollständigen Ausgleiches (d.h. einschliesslich eines Tangential- und Torsionsausgleiches) durchgeführt. Dadurch wird die Lastaufteilung über den gesamten Sperrenkörper genauer ermittelt und der räumliche Spannungszustand wirklichkeitsgetreuer erfasst. (Lit. 25, 29, 33).

1,2.2. Die Schalentheorie:

Eine andere Möglichkeit zur Bestimmung des dreidimensionalen Spannungszustandes einer Gewölbemauer bietet die Elastizitätstheorie der Schalen. Die bisher entwickelten schalentheoretischen Untersuchungsverfahren sind jedoch in der Anwendung bei der Erfassung besonderer Gegebenheiten (wie z.B. starke Unsymmetrie des Sperrenkörpers, Unregelmässigkeiten der Felsnachgiebigkeit entlang der Aufstandslinie, Berücksichtigung von Widerlagerblöcken usw.) dem Rostverfahren unterlegen. Man ist gezwungen, verschiedene Annahmen zu treffen und Idealisierungen vorzunehmen, welche sich dann mehr oder weniger stark auf das Ergebnis auswirken. Von den Hauptschwierigkeiten seien die mathematische Erfassung der Einbindelinie, welche entsprechend der Topographie und Geologie der Sperrenstelle die verschiedensten Formen besitzen kann, und in Verbindung damit die Lösung des Randwertproblemes erwähnt. Trotzdem hat sich die Brauchbarkeit der Schalentheorie bei der Untersuchung von Gewölbemauern erwiesen, was auch durch gute Übereinstimmung mit anderen Berechnungsverfahren in Vergleichsrechnungen und mit Modellversuchen bestätigt erscheint. (Lit. 5 bis 12, 31, 36).

2. ALLGEMEINE THEORIE DES ELASTISCH EINGESPANNTEN BOGENS:

Dieser und die folgenden Abschnitte behandeln die Horizontalelemente von Gewölbemauern (Bogenlamellen), wie sie bei statischen Untersuchungen nach dem Rostverfahren Verwendung finden.

Wie schon erwähnt wurde, wird ein Bogenelement durch zwei im Abstand einer Längeneinheit gelegte Horizontalebenen gebildet. Zur Vereinfachung der Berechnung werden die luft- und wasserseitigen Begrenzungsflächen vertikal angenommen. Diese Einheitselemente werden durch radial gerichtete Kräfte an der Wasserseite oder auch an der Luftseite, ferner durch in der Bogenachse angreifende Tangentialkräfte und Drehmomente belastet. Da diese Lasten entlang des Bogens im allgemeinen keinen konstanten Verlauf besitzen, bedient man sich mit Vorteil gleichförmiger und dreieckförmiger Lasten - letztere werden wegen ihrer Gestalt auch als Zungenlasten bezeichnet - oder aber auch sogenannter Dachlasten. Dabei wird der Verlauf der Belastung zwischen den einzelnen Bogen-Kragträgerkreuzungspunkten linear angenommen. Die Abbildung 2 zeigt, wie eine beliebige Bogenbelastung (Abb. 2a) - dies können Radial- oder Tangentialkräfte oder Drehmomente sein - durch Überlagerung einer Gleichlast mit entsprechenden Dreieckslasten einerseits (Abb. 2b - f) oder durch Überlagerung von Dachlasten andererseits (Abb. 2g) zusammengesetzt werden kann (zur besseren Darstellung wurde der Bogen in eine Gerade abgewickelt). Es sei noch erwähnt, dass man wegen der besseren Handhabung sogenannte Einheitslasten, d.h. radiale, tangentiale und drehende Gleichlasten von der Grösse

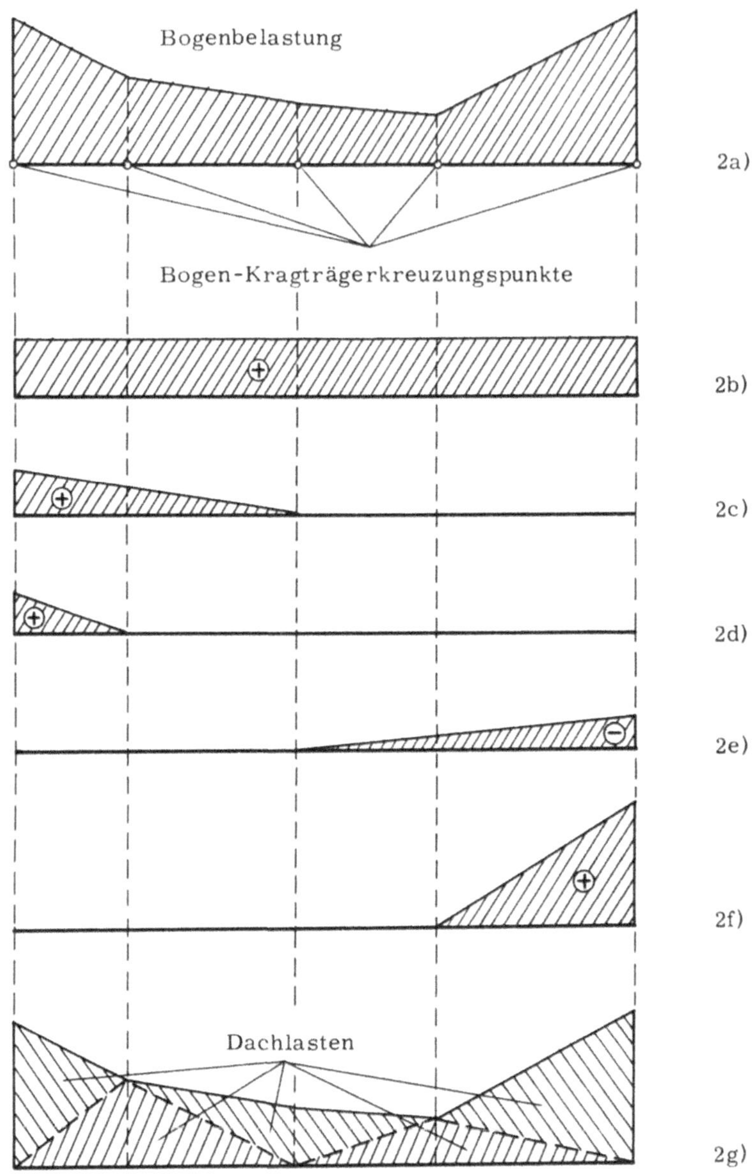
Bogenbelastung
2a)
Bogen-Kragträgerkreuzungspunkte
2b)
2c)
2d)
2e)
2f)
Dachlasten
2g)

Abbildung 2

Eins und ebensolche Dreiecklasten bzw. Dachlasten mit der Spitzenordinate Eins, verwendet. Diese Belastungsformen werden jedoch nur in Hauptberechnungen benötigt; für Voruntersuchungen - mit einschnittigem Radialausgleich - braucht man nur radiale Gleichlasten. Neben den vorangeführten Radial- und Tangentialkräften und Drehmomenten werden die Bogenlamellen noch durch Temperaturänderungen belastet und verformt, u.zw. durch über die Bogenquerschnitte gleichmässig verteilte sowie auch durch ungleichmässige Temperaturänderungen (Temperaturgefälle zwischen Luft- und Wasserseite), welche gewöhnlich mit konstantem Verlauf entlang des Bogens angesetzt werden.

2,1. Unsymmetrischer Bogen:

Die im weiteren kurz wiedergegebene Bogentheorie wird für den allgemeinen Fall eines unsymmetrischen Bogens mit unsymmetrischer Belastung entwickelt. Die hierfür abgeleiteten Formeln gelten daher für jegliche Bogen- und Belastungsformen.

Eine Bogenlamelle einer Gewölbesperre, welche an den Kämpfern im Felsen elastisch eingespannt ist, stellt in statischer Hinsicht ein dreifach statisch unbestimmtes System dar. Zur Berechnung wird als statisch bestimmtes Grundsystem jenes Kragträgerpaar gewählt, welches entsteht, wenn man den Bogen im Scheitel auseinanderschneidet. Dort werden die statisch unbestimmten Grössen X_1, X_2 und X_3 (Moment, Normal- und Querkraft) angebracht, um den Einfluss des abgeschnittenen Teiles zu ersetzen. Durch Gleichsetzung der radialen und tangentialen Verschiebungen wie auch der Verdrehungen der Scheitelpunkte beider Bogenteile erhält man drei Gleichungen, aus welchen die statisch unbestimmten Grössen berechnet werden können. Diese Schnittgrössen sind an beiden Bogenteilen gleich gross und besitzen entgegengesetzte Wirkungsrichtungen, wie in Abb.3 dargestellt ist. Die Verformungen des Bogenscheitels werden mit Hilfe der Formzahlen δ_{ik} (i=1, 2, 3; k=1, 2, 3) und vermittels der Belastungszahlen δ_{i0} berechnet, wobei der Einfluss der Biegemomente, Normal- und Querkräfte wie auch der Widerlagernachgiebigkeit auf die Verformungen berücksichtigt wird. Allgemein formuliert, geben die Formzahlen die Verformungen (Verschiebungen und Verdrehungen) in irgendeinem Bogenpunkt infolge einer dort angreifenden Kraft oder eines Momentes, jeweils von der Grösse Eins, an und die Belastungszahlen drücken die Verformungen eines Bogenpunktes infolge aller zwischen diesem Punkt und dem Kämpfer einwirkenden Lasten aus.

In der Berechnung der Bogenlamellen werden gewöhnlich folgende Annahmen getroffen:

1) Der Bogen besteht aus einem stabilen, homogenen und isotropen Material.

2) Das Hooke'sche Gesetz gilt und die Proportionalitätsgrenze wird nicht überschritten.

3) Ebene Querschnitte bleiben nach der Verformung eben.

4) Die Normalspannungen besitzen einen linearen Verlauf.

5) Der Elastizitätsmodul ist für Zug- und Druckbeanspruchung gleich.

6) Der Elastizitätsmodul E verhält sich zum Schubmodul G wie 2 $(1 + \nu)$, worin ν die Poissonzahl bedeutet. Um eine nichtlineare Schubspannungsverteilung zu berücksichtigen, wird der Wert $\varkappa$ mit 1,25 angenommen, welcher das Verhältnis zwischen der durch die tatsächliche Schubspan-

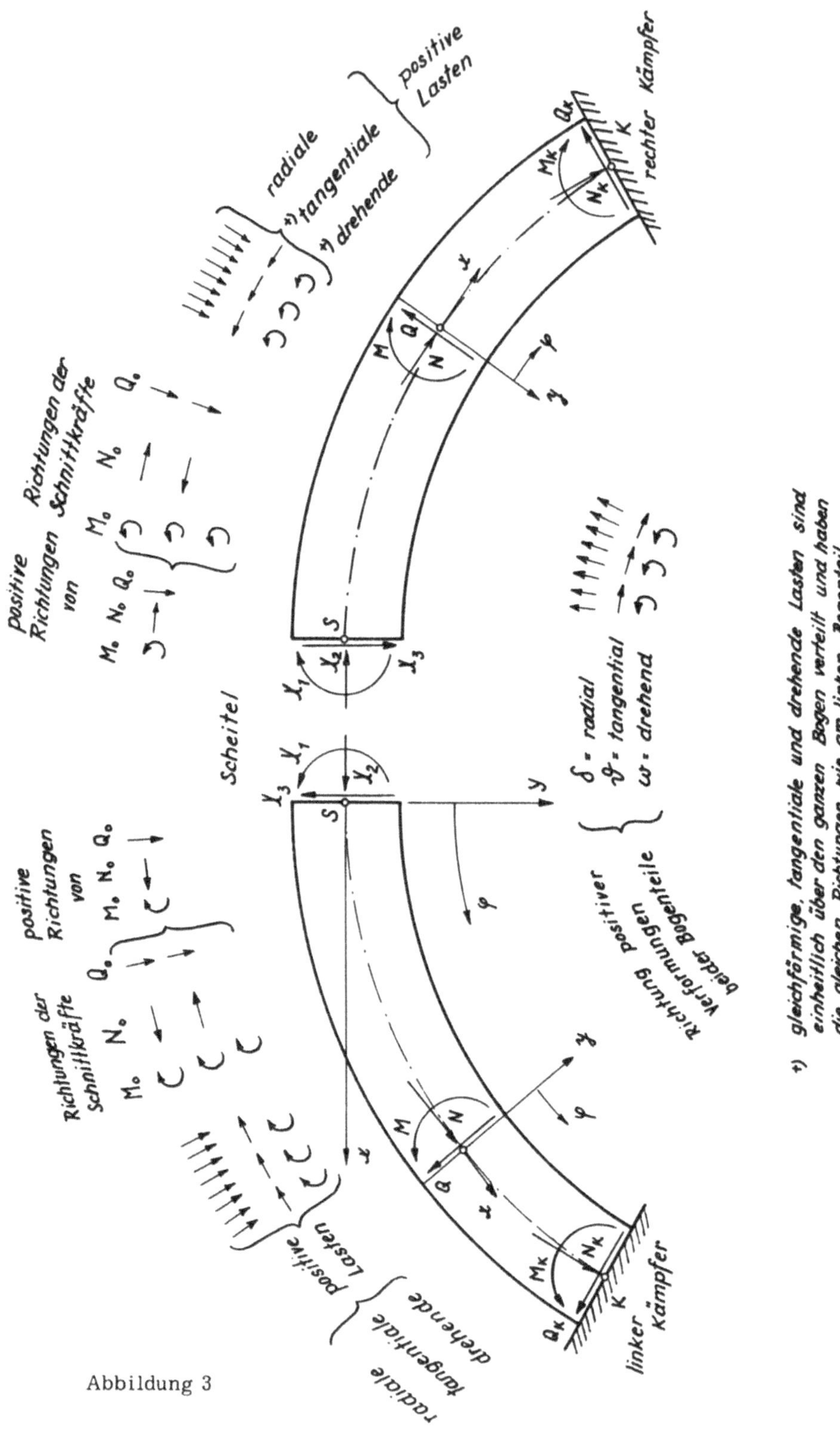
positive Richtungen von M₀ N₀ Q₀
Richtungen der Schnittkräfte M₀ N₀ Q₀
Scheitel
S
radiale
+) tangentiale
+) drehende
positive Lasten
rechter Kämpfer
linker Kämpfer
K
M
N
Q
x
y
φ
positiver Richtung positiver Verformungen beider Bogenteile
δ = radial
ϑ = tangential
ω = drehend
+) gleichförmige, tangentiale und drehende Lasten sind einheitlich über den ganzen Bogen verteilt und haben die gleichen Richtungen wie am linken Bogenteil.

Abbildung 3

nungsverteilung bewirkten Verformung und jener, hervorgerufen durch eine gleichförmig verteilte Schubspannung, ausdrückt.
Mit $\nu = 0{,}2$ wird $\varkappa / G = \varkappa \, 2\,(1+\nu) / E = 3/E$.

7) Temperaturverformungen sind proportional den Temperaturänderungen.

8) Die Bogenkämpfer sind radial.

Im weiteren werden als links und rechts jene Bogenteile vom Scheitel ab bezeichnet, wenn man den Bogen in flussaufwärtiger Richtung betrachtet. Hinsichtlich der Vorzeichenregel wird auf Abb. 3 verwiesen, in welcher die positiven Richtungen der einzelnen Lasten, der Schnittkräfte und Verformungen beider Bogenhälften angegeben sind.

Die Formzahlen eines Bogenpunktes lassen sich nach dem Prinzip der virtuellen Verschiebungen aus der allgemeinen Formel

$$\delta = \int \frac{M \bar{M} \, ds}{EJ} + \int \frac{N \bar{N} \, ds}{EF} + \varkappa \int \frac{Q \bar{Q} \, ds}{GF} + w$$

berechnen, worin M, N und Q die Schnittgrössen infolge $X_1 = 1$, bzw. $X_2 = 1$ bzw. $X_3 = 1$, ferner $\bar{M}$, $\bar{N}$ und $\bar{Q}$ jene Schnittkräfte darstellen, welche durch die in Richtung der gesuchten Verschiebung bzw. Verdrehung angebrachten Hilfsgrössen $Y_1 = 1$ bzw. $Y_2 = 1$ bzw. $Y_3 = 1$ hervorgerufen werden, und schliesslich w die durch die Widerlagernachgiebigkeit bewirkten Verformungen bedeutet.

Mit den Bezeichnungen

J.... Trägheitsmoment des radialen Querschnittes in bezug auf die vertikale Achse durch den Schwerpunkt,

F.... Fläche des radialen Querschnittes,

s.... Länge der Bogenachse vom betrachteten Punkt ab gemessen,

s_K... gesamte Bogenlänge vom betrachteten Punkt bis zum Kämpfer,

φ.... Zentriwinkel vom betrachteten Punkt ab gemessen (siehe Abb. 3),

x, y.. Koordinaten der Bogenachse mit Ursprung im betrachteten Punkt (vergl. Abb. 3),

ε_{11} .. Widerlagerverdrehung infolge Biegemoment $M_K = 1$,

ε_{22} .. tangentiale Widerlagerverschiebung infolge Normalkraft $N_K = 1$,

ε_{33} .. radiale Widerlagerverschiebung infolge Querkraft $Q_K = 1$

ε_{13} .. Widerlagerverdrehung infolge Querkraft $Q_K = 1$ bzw. radiale Widerlagerverschiebung infolge Biegemoment $M_K = 1$ und den Zeigern

K.... Kämpfer,

L.... linke Bogenhälfte,

R.... rechte Bogenhälfte

ergeben sich die Formzahlen im Scheitelpunkt für den linken (oberes Vorzeichen) und den rechten Bogenteil (unteres Vorzeichen) nach obiger Formel zu (es sei hervorgehoben, dass in diesem Fall der Koordinatenursprung im Scheitelpunkt liegt und die Bogenlänge s wie auch der Öffnungswinkel φ vom Scheitel ab zu messen ist):

Verdrehung infolge $X_1 = 1$:

$$\pm \delta_{11}^{L,R} = \int_0^{s_K} \frac{ds}{EJ} + \varepsilon_{11} \tag{1}$$

Verdrehung infolge $X_2 = 1$ bzw. Tangentialverschiebung infolge $X_1 = 1$:

$$\pm \delta_{12}^{L,R} = \mp \delta_{21}^{L,R} = \int_0^{s_K} \frac{y\,ds}{EJ} + \varepsilon_{11}\, y_K + \varepsilon_{13} \sin\varphi_K \tag{2}$$

Verdrehung infolge $X_3 = 1$ bzw. Radialverschiebung infolge $X_1 = 1$:

$$\delta_{13}^{L,R} = \delta_{31}^{L,R} = \int_0^{s_K} \frac{x\,ds}{EJ} + \varepsilon_{11}\, x_K + \varepsilon_{13} \cos\varphi_K \tag{3}$$

Tangentialverschiebung infolge $X_2 = 1$:

$$\mp \delta_{22}^{L,R} = \int_0^{s_K} \frac{y^2 ds}{EJ} + \int_0^{s_K} \frac{\cos^2\varphi\, ds}{EF} + 3 \int_0^{s_K} \frac{\sin^2\varphi\, ds}{EF} + \varepsilon_{11}\, y_K^2 + 2\varepsilon_{13}\, y_K \sin\varphi_K +$$

$$+ \varepsilon_{22} \cos^2\varphi_K + \varepsilon_{33} \sin^2\varphi_K \tag{4}$$

Tangentialverschiebung infolge $X_3 = 1$ bzw. Radialverschiebung infolge $X_2 = 1$:

$$- \delta_{23}^{L,R} = \delta_{32}^{L,R} = \int_0^{s_K} \frac{x\,y\,ds}{EJ} - \int_0^{s_K} \frac{\sin\varphi \cos\varphi\, ds}{EF} + 3 \int_0^{s_K} \frac{\sin\varphi \cos\varphi\, ds}{EF} + \varepsilon_{11}\, x_K\, y_K +$$

$$+ \varepsilon_{13}\, x_K \sin\varphi_K + \varepsilon_{13}\, y_K \cos\varphi_K - (\varepsilon_{22} - \varepsilon_{33}) \sin\varphi_K \cos\varphi_K \tag{5}$$

Radialverschiebung infolge $X_3 = 1$:

$$\pm \delta_{33}^{L,R} = \int_0^{s_K} \frac{x^2 ds}{EJ} + \int_0^{s_K} \frac{\sin^2\varphi\, ds}{EF} + 3 \int_0^{s_K} \frac{\cos^2\varphi\, ds}{EF} + \varepsilon_{11}\, x_K^2 + \varepsilon_{22} \sin^2\varphi_K + \varepsilon_{33} \cos^2\varphi_K +$$

$$+ 2\varepsilon_{13}\, x_K \cos\varphi_K \tag{6}$$

In gleicher Weise können nach dem Prinzip der virtuellen Verschiebungen die Belastungszahlen des Bogenscheitels berechnet werden. Diese folgen allgemein mit den zusätzlichen Bezeichnungen

M_o, N_o, Q_o ... Schnittgrössen des statisch bestimmten Grundsystems infolge der aufgebrachten Belastung,

d .... Bogenstärke in radialer Richtung,

α_t .... Temperaturdehnzahl des Betons,

t .... gleichmässige Temperaturänderung, Änderung der mittleren Querschnittstemperatur gegenüber der Fugenschlusstemperatur (Erwärmung positiv) und

Δt .... ungleichmässige Temperaturänderung, Änderung des Temperaturunterschiedes zwischen Luft- und Wasserseite gegenüber dem Zustand zum Zeitpunkt des Fugenschlusses (bei wärmerer Luftseite positiv)

wie nachstehend angegeben:

Verdrehung infolge äusserer Belastung:

$$\mp \delta_{10}^{L,R} = \int_0^{s_K} \frac{M_o\, ds}{EJ} - \int_0^{s_K} \frac{\alpha_t\, \Delta t\, ds}{d} + M_{oK}\, \varepsilon_{11} + Q_{oK}\, \varepsilon_{13} \tag{7}$$

Tangentialverschiebung infolge äusserer Belastung:

$$\pm \delta_{20}^{L,R} = \int_0^{s_K} \frac{M_o\, y\, ds}{EJ} - \int_0^{s_K} \frac{N_o \cos\varphi\, ds}{EF} + 3\int_0^{s_K} \frac{Q_o \sin\varphi\, ds}{EF} + \int_0^{s_K} \alpha_t\, t \cos\varphi\, ds -$$

$$- \int^{s_K} \frac{\alpha_t\, \Delta t\, y\, ds}{d} + M_{oK}(\varepsilon_{11}\, y_K + \varepsilon_{13} \sin\varphi_K) - N_{oK}\, \varepsilon_{22} \cos\varphi_K + Q_{oK}(\varepsilon_{33} \sin\varphi_K + \varepsilon_{13}\, y_K) \tag{8}$$

Radialverschiebung infolge äusserer Belastung:

$$- \delta_{30}^{L,R} = \int_0^{s_K} \frac{M_o\, x\, ds}{EJ} + \int_0^{s_K} \frac{N_o \sin\varphi\, ds}{EF} + 3\int_0^{s_K} \frac{Q_o \cos\varphi\, ds}{EF} - \int_0^{s_K} \alpha_t\, t \sin\varphi\, ds -$$

$$- \int_0^{s_K} \frac{\alpha_t\, \Delta t\, x\, ds}{d} + M_{oK}(\varepsilon_{11}\, x_K + \varepsilon_{13} \cos\varphi_K) + N_{oK}\, \varepsilon_{22} \sin\varphi_K + Q_{oK}(\varepsilon_{33} \cos\varphi_K + \varepsilon_{13}\, x_K) \tag{9}$$

Damit lassen sich die Verformungen des Scheitels für den linken und rechten Bogenteil anschreiben.

Linker Bogenscheitel:

$$\left.\begin{array}{ll} \text{Verdrehung} & \omega_L = \delta_{11}^L \cdot X_1 + \delta_{12}^L \cdot X_2 + \delta_{13}^L \cdot X_3 + \delta_{10}^L \\ \text{Tangentialverschiebung} & \vartheta_L = \delta_{21}^L \cdot X_1 + \delta_{22}^L \cdot X_2 + \delta_{23}^L \cdot X_3 + \delta_{20}^L \\ \text{Radialverschiebung} & \delta_L = \delta_{31}^L \cdot X_1 + \delta_{32}^L \cdot X_2 + \delta_{33}^L \cdot X_3 + \delta_{30}^L \end{array}\right\} \tag{10}$$

Rechter Bogenscheitel:

$$\left.\begin{aligned}
&\text{Verdrehung} && \omega_R = \delta_{11}^R \cdot X_1 + \delta_{12}^R \cdot X_2 + \delta_{13}^R \cdot X_3 + \delta_{10}^R \\
&\text{Tangentialverschiebung} && \vartheta_R = \delta_{21}^R \cdot X_1 + \delta_{22}^R \cdot X_2 + \delta_{23}^R \cdot X_3 + \delta_{20}^R \\
&\text{Radialverschiebung} && \delta_R = \delta_{31}^R \cdot X_1 + \delta_{32}^R \cdot X_2 + \delta_{33}^R \cdot X_3 + \delta_{30}^R
\end{aligned}\right\} \quad (11)$$

Da die Scheitelverformungen beider Bogenhälften gleich sein müssen, sind obige Ausdrücke entsprechend gleichzusetzen; das ergibt

$$\left.\begin{aligned}
(\delta_{11}^L - \delta_{11}^R)\, X_1 + (\delta_{12}^L - \delta_{12}^R)\, X_2 + (\delta_{13}^L - \delta_{13}^R)\, X_3 &= (\delta_{10}^R - \delta_{10}^L) \\
(\delta_{21}^L - \delta_{21}^R)\, X_1 + (\delta_{22}^L - \delta_{22}^R)\, X_2 + (\delta_{23}^L - \delta_{23}^R)\, X_3 &= (\delta_{20}^R - \delta_{20}^L) \\
(\delta_{31}^L - \delta_{31}^R)\, X_1 + (\delta_{32}^L - \delta_{32}^R)\, X_2 + (\delta_{33}^L - \delta_{33}^R)\, X_3 &= (\delta_{30}^R - \delta_{30}^L)
\end{aligned}\right\} \quad (12)$$

Werden die Klammerausdrücke zusammengefasst zu $(\delta_{11}^L - \delta_{11}^R) = \delta_{11}$, $(\delta_{12}^L - \delta_{12}^R) = \delta_{12}$ usw., wobei $\delta_{ik} = \delta_{ki}$ ist, so lauten die Elastizitätsgleichungen

$$\left.\begin{aligned}
\delta_{11} \cdot X_1 + \delta_{12} \cdot X_2 + \delta_{13} \cdot X_3 &= \delta_{10} \\
\delta_{21} \cdot X_1 + \delta_{22} \cdot X_2 + \delta_{23} \cdot X_3 &= \delta_{20} \\
\delta_{31} \cdot X_1 + \delta_{32} \cdot X_2 + \delta_{33} \cdot X_3 &= \delta_{30}
\end{aligned}\right\} \quad (13),$$

aus welchen die statisch unbestimmten Grössen X_1, X_2 und X_3 ermittelt werden können. Dadurch ist man in der Lage, die Schnittkräfte und daraus die Spannungen in beliebigen Radialschnitten zu berechnen. Die Schnittkräfte im linken bzw. rechten Bogenteil (oberes bzw. unteres Vorzeichen) folgen aus:

$$\left.\begin{aligned}
M &= X_1 + X_2 \cdot y_S \pm X_3 \cdot x_S - M_0 \\
N &= X_2 \cdot \cos\varphi_S \mp X_3 \cdot \sin\varphi_S + N_0 \\
Q &= X_2 \cdot \sin\varphi_S \pm X_3 \cdot \cos\varphi_S - Q_0
\end{aligned}\right\} \quad (14).$$

Darin ist der Koordinatenursprung durchwegs im Scheitelpunkt liegend zu betrachten, was durch den Index S gekennzeichnet sei.

Nachdem die statisch unbestimmten Grössen und die Schnittkräfte bekannt sind, können auch die Verformungen des Bogens in verschiedenen Punkten berechnet werden, welche in statischen Hauptberechnungen benötigt werden (siehe Abschnitt 1, 2.1). Sie werden erhalten, indem man den Bogenabschnitt zwischen dem Punkt, in welchem die Verformungen gesucht werden, und dem Kämpfer als gekrümmten Kragträger betrachtet. Die Verschiebungen (radial und tangential) und die Verdrehung des betreffenden Punktes ergeben sich dann aus der Summe der Verformungen infolge der äusseren Belastung zwischen diesem Punkt und dem Bogenkämpfer und der Verformungen infolge der im betrachteten Punkt angreifenden Schnittkräfte. Hiebei ist es möglich, den Einfluss der Kämpferverformungen getrennt zu berücksichtigen, da nach Bestimmung der statisch Überzähligen X_1, X_2 und X_3 die auf die Kämpfer einwirkenden Schnittgrössen berechenbar sind.

Mit den oben verwendeten Bezeichnungen und Erläuterungen (s.a. Abb. 3)

M, N, Q. . . Schnittgrössen in dem Punkt, in welchem die Verformungen gesucht werden; aus Gleichungsgruppe (14), s........Bogenlänge entlang der Achse, vom betrachteten Punkt zum Kämpfer hin gemessen,

φ........ Öffnungswinkel, vom betrachteten Punkt zum Kämpfer hin,

x, y...... Koordinaten des laufenden Punktes mit Ursprung im betrachteten Punkt (in welchem die Verformungen gesucht werden), x-Achse wieder tangential an die Bogenachse und nach links im linken Bogenteil und nach rechts im rechten Bogenteil positiv, y-Achse radial zum Krümmungsmittelpunkt positiv und

φ_K.......Öffnungswinkel zwischen dem betrachteten Punkt und dem Kämpfer

folgt für den linken bzw. rechten Bogenteil (oberes bzw. unteres Vorzeichen):

die Verdrehung:

$$\omega = \pm M \int_0^{s_K} \frac{ds}{EJ} \pm N \int_0^{s_K} \frac{y\,ds}{EJ} \pm Q \int_0^{s_K} \frac{x\,ds}{EJ} \mp \left[\int_0^{s_K} \frac{M_0\,ds}{EJ} - \int_0^{s_K} \frac{\alpha_t\,\Delta t\,ds}{d} \right] \pm M_K\,\varepsilon_{11} \pm Q_K\,\varepsilon_{13} \qquad (15),$$

die Tangentialverschiebung:

$$\vartheta = \mp M \int_0^{s_K} \frac{y\,ds}{EJ} \mp N \left[\int_0^{s_K} \frac{y^2 ds}{EJ} + \int_0^{s_K} \frac{\cos^2\varphi\,ds}{EF} + 3 \int_0^{s_K} \frac{\sin^2\varphi\,ds}{EF} \right] \mp Q \left[\int_0^{s_K} \frac{xy\,ds}{EJ} - \right.$$

$$\left. - \int_0^{s_K} \frac{\sin\varphi\cos\varphi\,ds}{EF} + 3 \int_0^{s_K} \frac{\sin\varphi\cos\varphi\,ds}{EF} \right] \pm \left[\int_0^{s_K} \frac{M_0\,y\,ds}{EJ} - \int_0^{s_K} \frac{N_0\cos\varphi\,ds}{EF} + \right.$$

$$\left. + 3 \int_0^{s_K} \frac{Q_0 \sin\varphi\,ds}{EF} + \int_0^{s_K} \alpha_t\, t \cos\varphi\,ds - \int_0^{s_K} \frac{\alpha_t\,\Delta t\,y\,ds}{d} \right] \mp (M_K\,\varepsilon_{11} + Q_K\,\varepsilon_{13})\, y_K \mp$$

$$\mp (Q_K\,\varepsilon_{33} + M_K\,\varepsilon_{13}) \sin\varphi_K \mp N_K\,\varepsilon_{22} \cos\varphi_K \qquad (16),$$

die Radialverschiebung:

$$\delta = M \int_0^{s_K} \frac{x\,ds}{EJ} + N \left[\int_0^{s_K} \frac{xy\,ds}{EJ} - \int_0^{s_K} \frac{\sin\varphi\cos\varphi\,ds}{EF} + 3 \int_0^{s_K} \frac{\sin\varphi\cos\varphi\,ds}{EF} \right] +$$

$$+ Q \left[\int_0^{s_K} \frac{x^2 ds}{EJ} + \int_0^{s_K} \frac{\sin^2\varphi\,ds}{EF} + 3 \int_0^{s_K} \frac{\cos^2\varphi\,ds}{EF} \right] - \left[\int_0^{s_K} \frac{M_0\,x\,ds}{EJ} + \int_0^{s_K} \frac{N_0 \sin\varphi\,ds}{EF} + \right.$$

$$\left. + 3 \int_0^{s_K} \frac{Q_0 \cos\varphi\,ds}{EF} - \int_0^{s_K} \alpha_t\, t \sin\varphi\,ds - \int_0^{s_K} \frac{\alpha_t\,\Delta t\,x\,ds}{d} \right] + (M_K\,\varepsilon_{11} + Q_K\,\varepsilon_{13})\, x_K + (Q_K\,\varepsilon_{33} +$$

$$+ M_K\,\varepsilon_{13}) \cos\varphi_K - N_K\,\varepsilon_{22} \sin\varphi_K \qquad (17).$$

2,2. Symmetrischer Bogen:

Die Symmetrie einer Bogenlamelle ist dann gegeben, wenn nicht nur die Abmessungen, die Form und die Lage der Bogen-Kragträgerkreuzungspunkte der linken und rechten Bogenhälfte sondern auch die Widerlagernachgiebigkeiten des linken und rechten Kämpfers gleich sind.

2,2.1. Symmetrischer Bogen mit unsymmetrischer Belastung:

Mitunter tritt der Fall auf, dass bei unsymmetrischen Gewölbemauern ein oder mehrere Horizontalelemente symmetrisch ausgebildet sind. Dennoch werden solche symmetrische Bogenlamellen unsymmetrische Belastungen erhalten, was auf die Asymmetrie des gesamten Sperrenkörpers zurückzuführen ist.

Aus der Symmetrie des Bogens ergeben sich nun gewisse Vereinfachungen, die den Zeitaufwand bei numerischen Berechnungen wesentlich herabmindern. So können die Rechenergebnisse aus den am linken Bogenteil wirkenden Einheitslasten unmittelbar für entsprechende Lasten der rechten Bogenhälfte übernommen werden, wenn die Vorzeichen gemäss nachstehender Zusammenstellung geändert bzw. beibehalten werden. (Tabelle 1)

Tabelle 1

	Radial-	Tangential-	Verdrehungslast
Radialverschiebung	gleich	gleich	gleich
Tangentialverschiebung	entgegen-gesetzt	entgegen-gesetzt	entgegen-gesetzt
Verdrehung	-"-	-"-	-"-
Schnittkräfte (M, N, Q)	gleich	gleich	gleich

Ferner brauchen die Formzahlen $\delta_{13} = \delta_{31}$ und $\delta_{23} = \delta_{32}$ nicht berechnet werden, da die betreffenden Summen der Anteile aus dem linken und rechten Bogenteil gleich Null sind. Ebenso entfällt die Bestimmung der Belastungszahlen der rechten Bogenhälfte für Dreieckslasten am linken Bogenteil, da die rechte Seite unbelastet ist. Dadurch verkürzen sich die Elastizitätsgleichungen (13) auf

$$\left.\begin{aligned} \delta_{11} \cdot X_1 + \delta_{12} \cdot X_2 &= \delta_{10} \\ \delta_{21} \cdot X_1 + \delta_{22} \cdot X_2 &= \delta_{20} \\ \delta_{33} \cdot X_3 &= \delta_{30} \end{aligned}\right\} \qquad (18)$$

deren Lösung die statisch unbestimmten Grössen liefert u.zw. wie folgt

$$\left.\begin{aligned} X_1 &= (\delta_{10} \cdot \delta_{22} - \delta_{20} \cdot \delta_{12}) / K \\ X_2 &= (\delta_{20} \cdot \delta_{11} - \delta_{10} \cdot \delta_{21}) / K \\ X_3 &= \delta_{30} / \delta_{33} \qquad \text{wobei} \\ K &= \delta_{11} \cdot \delta_{22} - \delta_{12}^2 . \end{aligned}\right\} \qquad (19)$$

2,2.2. Symmetrischer Bogen mit symmetrischer Belastung:

Ist der gesamte Sperrenkörper einer Gewölbemauer in bezug auf eine Ebene (Sperrenachse) symmetrisch, sowohl die Geometrie als auch die Felsnachgiebigkeiten, so sind auch die einzelnen Horizontalelemente ebenso wie die Belastungen symmetrisch. Infolgedessen braucht nur eine Sperrenhälfte (im allgemeinen die linke Seite) untersucht zu werden.

Die Berechnung symmetrischer Bogen mit symmetrischer Belastung vereinfacht sich nun wie folgt:

Die Ermittlung der Form- und Belastungszahlen des rechten Bogenteiles kann entfallen, da sie mit jenen der linken Seite identisch sind. Ebenso fallen alle Berechnungen der Formzahlen δ_{13} und δ_{23} und der Belastungszahl δ_{30} weg, da sie durch die Summierung des linken mit dem rechten Bogenteil zu Null werden. Damit erübrigt sich auch die Bestimmung von δ_{33} - siehe Gleichungsgruppe (13) letzte Zeile - und die Elastizitätsgleichungen nehmen folgende Form an:

$$\left.\begin{aligned} \delta_{11} \cdot X_1 + \delta_{12} \cdot X_2 &= \delta_{10} \\ \delta_{21} \cdot X_1 + \delta_{22} \cdot X_2 &= \delta_{20} \end{aligned}\right\} \qquad (20)$$

und deren Lösung lautet

mit

$$\left.\begin{aligned} K &= \delta_{11} \cdot \delta_{22} - \delta_{12}^2 \\ X_1 &= (\delta_{10} \cdot \delta_{22} - \delta_{20} \cdot \delta_{12}) / K \\ X_2 &= (\delta_{20} \cdot \delta_{11} - \delta_{10} \cdot \delta_{21}) / K \\ X_3 &= 0 \end{aligned}\right\} \qquad (21).$$

Eine weitere Verminderung des Rechenaufwandes wird bekanntlich noch dadurch erreicht, wenn man die statisch unbestimmten Grössen im elastischen Schwerpunkt angreifen lässt und alle Formänderungsgrössen auf diesen bezieht. Die Lage des elastischen Schwerpunktes ergibt sich aus der Bedingung, dass $\delta_{12} = \delta_{21} = 0$ ist. Auf diese Weise werden voneinander unabhängige Elastizitätsgleichungen gewonnen, die wie nachstehend lauten:

$$\left.\begin{aligned} \delta_{11} \cdot X_1 &= \delta_{10} \\ \delta_{22} \cdot X_2 &= \delta_{20} \end{aligned}\right\} \qquad (22).$$

3.) FORMGEBUNG DER BOGENLAMELLEN:

Die geometrische Ausbildung der Bogenlamellen ist von mannigfaltigen Faktoren abhängig. Den grössten Einfluss übt die Talform - die Topographie der Sperrenstelle - auf die Gestaltung der einzelnen Bogenelemente und damit der gesamten Sperre aus, ferner die Geologie im Bereich des Abschlussbauwerkes (Beschaffenheit des Untergrundes, Felsnachgiebigkeit) und nicht zuletzt die auf den Sperrenkörper einwirkenden Belastungen (vor allem der Stauwasserdruck und die sich aus den klimatischen Verhältnissen ergebenden Temperaturänderungen). Die Vielfalt und Verschiedenartigkeit dieser Komponenten gestatten es nicht, für eine gewählte Staustelle die richtige Sperrenform unmittelbar anzugeben, da gleichzeitig die Forderungen der Sicherheit und Wirtschaftlichkeit zu erfüllen sind. In den meisten Fällen kann die günstigste Form der Bogenlamellen bzw. der Sperre selbst nur durch Vergleich der aus mehreren Varianten errechneten Spannungen ermittelt werden. Ein für den entwerfenden Ingenieur willkommenes Bemessungshilfsmittel wurde von W. Jurecka (Lit. 13) gegeben, das es gestattet, die Anzahl der Variantenuntersuchungen dadurch zu reduzieren, dass die Hauptabmessungen für den ersten Entwurf näherungsweise aus einem Diagramm entnommen werden können.

3,1. Der Kreisbogen:

Die gebräuchlichste Form stellt der durch je einen Kreis an der Luft- und Wasserseite berandete Bogen dar. Liegen diese beiden Kreise konzentrisch, besitzen sie also einen gemeinsamen Krümmungsmittelpunkt, so weist der Bogen eine konstante Stärke auf. Im anderen Falle, wenn die Mittelpunkte der beiden Berandungskreise gegenseitig verschoben sind, dann ist die Bogenstärke stetig veränderlich.

Die beiden vorgenannten Fälle werden in den folgenden Abschnitten behandelt.

3,1.1. Der Kreisbogen konstanter Stärke:

Die kreisförmige Bogenlamelle konstanter Stärke wurde schon vielfach behandelt (z. B. Lit. 2, 3, 14, 15, 27). Sie sei im Rahmen dieser Arbeit nochmals kurz dargelegt, da in nachfolgenden Kapiteln mehrmals auf sie Bezug genommen wird.

Die in den Form - und Belastungszahlen auftretenden Integrale können für einen solch geformten Bogen konstanter Stärke leicht berechnet werden, nachdem der Betonmodul E wie auch die Bogenstärke d konstant sind und $x = r \cdot \sin\varphi$, $y = r \cdot (1 - \cos\varphi)$, $J = d^3/12$, $s = r\,\varphi$ und $ds = r \cdot d\varphi$ gesetzt werden können.

Auf diese Weise ergeben sich die Integrale der Formzahlen (siehe Glgn. (1) bis (6)) für einen beliebigen Bogenpunkt zu (die Integrale stellen die Verschiebungen und Verdrehungen eines Bogenpunktes, hervorgerufen durch eine im betrachteten Punkt angreifende Schnittgrösse M = 1, bzw. N = 1 oder Q = 1, als Folge der Verformungen des zwischen dem Punkt und dem Kämpfer liegenden Bogenteiles dar):

im Ausdruck für δ_{11}:

$$A_1 = \int_0^{s_K} \frac{ds}{EJ} = \frac{12\,r}{E\,d^3} \int_0^{\varphi_K} d\varphi = \frac{12\,r}{E\,d^3} \cdot A_1' \quad \text{mit } A_1' = \varphi_K \tag{23}$$

im Ausdruck für δ_{12} bzw. δ_{21}:

$$B_1 = \int_0^{s_K} \frac{y\,ds}{EJ} = \frac{12\,r^2}{E\,d^3} \int_0^{\varphi_K} (1 - \cos\varphi)\,d\varphi = \frac{12\,r^2}{E\,d^3} \cdot B_1' \quad \text{mit } B_1' = (\varphi_K - \sin\varphi_K); \tag{24}$$

im Ausdruck für δ_{13} bzw. δ_{31} :

$$C_1 = \int_0^{s_K} \frac{x\,ds}{EJ} = \frac{12\,r^2}{E\,d^3} \int_0^{\varphi_K} \sin\varphi\,d\varphi = \frac{12\,r^2}{E\,d^3} \cdot C_1' \quad \text{mit } C_1' = (1 - \cos\varphi_K); \tag{25}$$

im Ausdruck für δ_{23} bzw. δ_{32} :

$$B_2 = \int_0^{s_K} \frac{x\,y\,ds}{EJ} - \int_0^{s_K} \frac{\sin\varphi\cos\varphi\,ds}{EF} + 3\int_0^{s_K} \frac{\sin\varphi\cos\varphi\,ds}{EF} = \frac{12\,r^3}{E\,d^3} \cdot B'_{2I} + \frac{r}{E\,d} \cdot B'_{2II}$$

mit $B'_{2I} = (1 - \cos\varphi_K - \frac{1}{2}\sin^2\varphi_K)$ und $B'_{2II} = \sin^2\varphi_K$; (26)

im Ausdruck für δ_{33} :

$$C_2 = \int_0^{s_K} \frac{x^2 ds}{EJ} + \int_0^{s_K} \frac{\sin^2\varphi ds}{EF} + 3\int_0^{s_K} \frac{\cos^2\varphi ds}{EF} = \frac{12\,r^3}{E\,d^3} \cdot C'_{2I} + \frac{r}{E\,d} \cdot C'_{2II} \qquad (27)$$

mit $C'_{2I} = \frac{1}{2}(\varphi_K - \sin\varphi_K\cos\varphi_K)$ und $C'_{2II} = \frac{1}{2}\Big[\varphi_K - \sin\varphi_K\cos\varphi_K +$

$+ 3\,(\varphi_K + \sin\varphi_K\cos\varphi_K)\Big]$;

im Ausdruck für δ_{22} ;

$$B_3 = \int_0^{s_K} \frac{y^2 ds}{EJ} + \int_0^{s_K} \frac{\cos^2\varphi\,ds}{EF} + 3\int_0^{s_K} \frac{\sin^2\varphi\,ds}{EF} = \frac{12\,r^3}{Ed^3} \cdot B'_{3I} + \frac{r}{Ed} \cdot B'_{3II} \qquad (28)$$

mit $B'_{3I} = \Big[\varphi_K - 2\sin\varphi_K + \frac{1}{2}(\varphi_K + \sin\varphi_K\cos\varphi_K)\Big]$ und $B'_{3II} = \frac{1}{2}\Big[\varphi_K +$

$+ \sin\varphi_K\cos\varphi_K + 3\,(\varphi_K - \sin\varphi_K\cos\varphi_K)\Big]$

Wie die vorangeführten Lösungen der Integrale zeigen, sind die Ausdrücke für A'_1, B'_1, C'_1, B'_{2I}, B'_{2II}, C'_{2I}, C'_{2II}, B'_{3I} und B'_{3II} nur vom Winkel φ_K abhängig. Diese wurden vom amerikanischen Bureau of Reclamation für Intervalle von 15 Minuten berechnet (Lit. 2) und in Tabellenform dargestellt (ein Auszug dieser Tabellen ist in der Dissertation von W. Jurecka wiedergegeben, Lit. 3). Es wurden aus diesem Grunde die gleichen Bezeichnungen (A_1, B_1, C_1 usw.), wie in den amerikanischen Tabellen angegeben, verwendet. Ferner sei noch darauf hingewiesen, dass die mit dem Index I versehenen Terme Verformungen infolge Biegung und jene mit dem Index II gekennzeichneten Terme Verformungen infolge Eindrückung und Schubverzerrung darstellen.

Ebenso können die in den Ausdrücken der Belastungszahlen auftretenden Integrale (siehe Glchn. (7)-(9)) für verschiedene Belastungsformen berechnet werden. Sie geben die Verschiebungen und die Verdrehung eines Bogenpunktes an, welche aus der Verformung des zwischen dem betrachteten Punkt und dem Kämpfer liegenden Bogenteiles durch die in diesem Bogenabschnitt einwirkenden äusseren Lasten folgen. Diese Integrale sind daher im Gegensatz zu jenen der Formzahlen nicht nur von den Bogenabmessungen sondern auch von den Lasten abhängig.

Mit den Bezeichnungen

D_1	Verdrehung	eines Bogenpunktes infolge
D_2	Radialverschiebung	äusserer Belastung zwischen
D_3	Tangentialverschiebung	dem Punkt und Kämpfer kann

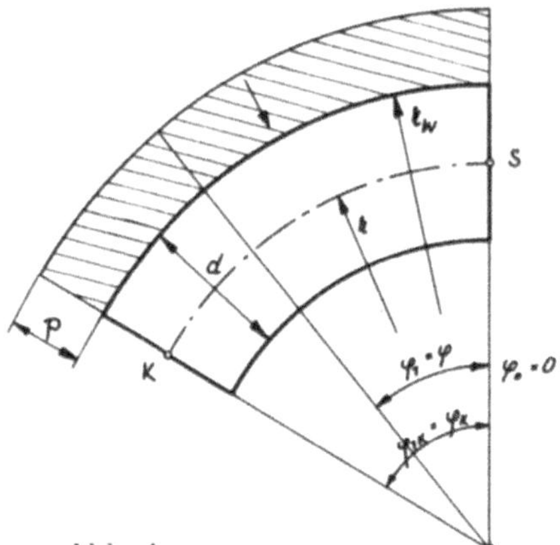

Abb. 4a

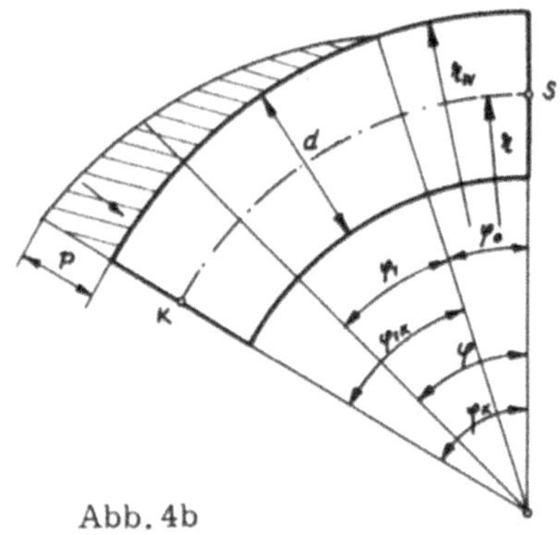

Abb. 4b

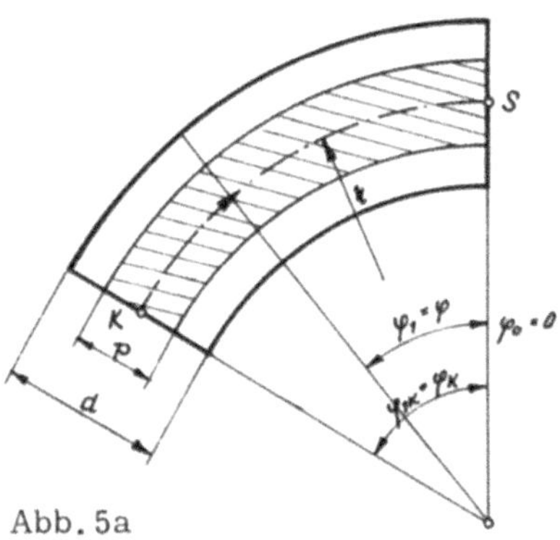

Abb. 5a

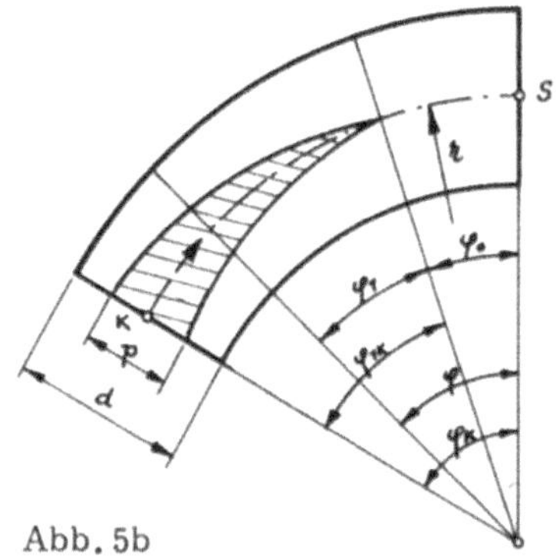

Abb. 5b

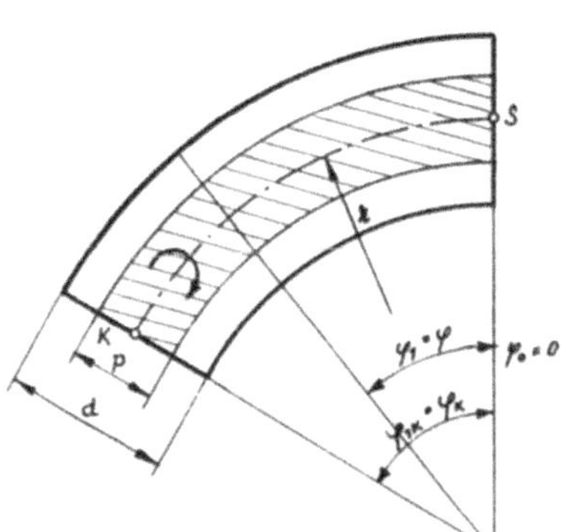

Abb. 6a

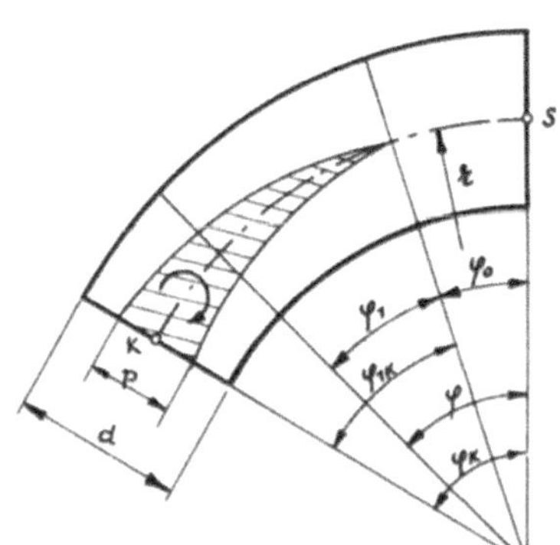

Abb. 6b

gesetzt werden.

$$D_1 = \int_0^{s_K} \frac{M_0 ds}{EJ} - \int_0^{s_K} \frac{\alpha_t \Delta t\, ds}{d} \tag{29}$$

$$D_2 = \int_0^{s_K} \frac{M_0 x\, ds}{EJ} + \int_0^{s_K} \frac{N_0 \sin\varphi\, ds}{EF} + 3 \int_0^{s_K} \frac{Q_0 \cos\varphi\, ds}{EF} - \int_0^{s_K} \alpha_t\, t \sin\varphi\, ds - \int_0^{s_K} \frac{\alpha_t \Delta t\, x\, ds}{d} \tag{30}$$

$$D_3 = \int_0^{s_K} \frac{M_0 y\, ds}{EJ} - \int_0^{s_K} \frac{N_0 \cos\varphi\, ds}{EF} + 3 \int_0^{s_K} \frac{Q_0 \sin\varphi\, ds}{EF} + \int_0^{s_K} \alpha_t\, t \cos\varphi\, ds - \int_0^{s_K} \frac{\alpha_t \Delta t\, y\, ds}{d} \tag{31}$$

Wie daraus zu ersehen ist, müssen vorerst die im statisch bestimmten System auftretenden Schnittkräfte M_0, N_0, und Q_0 ermittelt werden, um die entsprechenden Integrale berechnen zu können. Diese Schnittkräfte lassen sich in elementar statischer Weise bestimmen und sind mit den Bezeichnungen gemäss den Abbildungen 4 bis 6 in Tabelle 2 für die in Hauptberechnungen erforderlichen Belastungsformen übersichtlich zusammengestellt. Die Formeln gelten für die Schnittkräfte M_0, N_0 und Q_0 infolge äusserer Lasten sowohl für den linken wie für den rechten Bogenteil mit den angegebenen Vorzeichen; nur bei den sich über den gesamten Bogen erstreckenden tangentialen und drehenden Gleichlasten sind für die Schnittkräfte M_0, N_0 und Q_0 des rechten Bogenteiles die Vorzeichen umzukehren. Da die drehenden Lasten Momente entlang des Achskreises darstellen, rufen sie keine Normal- und Querkräfte hervor, sodass für diese Lasten $N_0 = Q_0 = 0$ ist.

Tabelle 2 - Schnittkräfte des statisch bestimmten Grundsystems infolge radialer, tangentialer und drehender Lasten.

Lasten		gleichförmig	dreieckförmig
radial (s. Abb. 4)	M_0	$p\, r_W\, r\, (1 - \cos\varphi_1)$	$p \frac{r_W r}{\varphi_{1K}} (\varphi_1 - \sin\varphi_1)$
	N_0	$p\, r_W (1 - \cos\varphi_1)$	$p \frac{r_W}{\varphi_{1K}} (\varphi_1 - \sin\varphi_1)$
	Q_0	$p\, r_W \sin\varphi_1$	$p \frac{r_W}{\varphi_{1K}} (1 - \cos\varphi_1)$
tangential (s. Abb. 5)	M_0	$p\, r^2 (\varphi_1 - \sin\varphi_1)$	$p \frac{r^2}{\varphi_{1K}} (\frac{\varphi_1^2}{2} - 1 + \cos\varphi_1)$
	N_0	$-p\, r \sin\varphi_1$	$-p \frac{r}{\varphi_{1K}} (1 - \cos\varphi_1)$
	Q_0	$p\, r\, (1 - \cos\varphi_1)$	$p \frac{r}{\varphi_{1K}} (\varphi_1 - \sin\varphi_1)$
drehende (s. Abb. 6)	M_0	$p\, r \varphi_1$	$p \frac{r}{\varphi_{1K}} \frac{\varphi_1^2}{2}$

	radiale Lasten				tangentiale Lasten					drehende Lasten			
	gleichförmig		dreieckförmig		gleichförmig		dreieckförmig			gleichf.		dreieckf.	
	Faktor	D'	Faktor	D'	Fakt.	D'	Fakt.	D'		Fakt.	D'	Fakt.	D'
1	2	①×②	3	①×③	4	①×④	5	①×⑤	6	7	⑥×⑦	8	⑥×⑧
$\frac{1}{2}[\sin\varphi_0 \sin^2\varphi_{1K} + \cos\varphi_0(\varphi_{1K} - \sin\varphi_{1K}\cos\varphi_{1K})]$	$3p$	${}_2D'_{3II}$			$-p$	${}_1D'_{2II}$			$\frac{\varphi_{1K}^2}{2}$	p	D'_1		
$\frac{1}{2}[\cos\varphi_0 \sin^2\varphi_{1K} - \sin\varphi_0(\varphi_{1K} - \sin\varphi_{1K}\cos\varphi_{1K})]$		${}_2D'_{2II}$			p	${}_1D'_{3II}$					${}_1D'_3$		
$\varphi_{1K} - \sin\varphi_{1K}$	p	D'_1 ${}_1D'_{3I}$							$\frac{\varphi_{1K}^3}{6}$			$\frac{p}{\varphi_{1K}}$	D'_1 ${}_1D'_3$
$\sin\varphi_0[\sin\varphi_{1K} - \frac{1}{2}(\varphi_{1K} + \sin\varphi_{1K}\cos\varphi_{1K})] +$ $+\cos\varphi_0[1 - \cos\varphi_{1K} - \frac{1}{2}\sin^2\varphi_{1K}]$	p	D'_{2I} ${}_1D'_{2II}$	$3\frac{p}{\varphi_{1K}}$	${}_2D'_{3II}$	$3p$	${}_2D'_{3II}$	$-\frac{p}{\varphi_{1K}}$	${}_1D'_{2II}$	$\sin\varphi_0[\varphi_{1K}\sin\varphi_{1K} - (1-\cos\varphi_{1K})] + \cos\varphi_0[\sin\varphi_{1K} - \varphi_{1K}\cos\varphi_{1K}]$ $\cos\varphi_0[\varphi_{1K}\sin\varphi_{1K} - (1-\cos\varphi_{1K})] - \sin\varphi_0[\sin\varphi_{1K} - \varphi_{1K}\cos\varphi_{1K}]$	p $-p$	D'_2 ${}_2D'_3$		
$\cos\varphi_0[\sin\varphi_{1K} - \frac{1}{2}(\varphi_{1K} + \sin\varphi_{1K}\cos\varphi_{1K})] -$ $-\sin\varphi_0[1 - \cos\varphi_{1K} - \frac{1}{2}\sin^2\varphi_{1K}]$	$-p$	${}_2D'_{3I}$ ${}_1D'_{3II}$	$3\frac{p}{\varphi_{1K}}$	${}_2D'_{2II}$	$3p$	${}_2D'_{2II}$	$\frac{p}{\varphi_{1K}}$	${}_1D'_{3II}$	$\sin\varphi_0[\frac{\varphi_{1K}^2}{2}\sin\varphi_{1K} + \varphi_{1K}\cos\varphi_{1K} - \sin\varphi_{1K}] +$ $+\cos\varphi_0[\varphi_{1K}\sin\varphi_{1K} - \frac{\varphi_{1K}^2}{2}\cos\varphi_{1K} - (1-\cos\varphi_{1K})]$			$\frac{p}{\varphi_{1K}}$	D'_2
$\frac{\varphi_{1K}^2}{2} - (1 - \cos\varphi_{1K})$			$\frac{p}{\varphi_{1K}}$	D'_1 ${}_1D'_{3I}$	p	D'_1 ${}_1D'_{3I}$			$\cos\varphi_0[\frac{\varphi_{1K}^2}{2}\sin\varphi_{1K} + \varphi_{1K}\cos\varphi_{1K} - \sin\varphi_{1K}] -$ $-\sin\varphi_0[\varphi_{1K}\sin\varphi_{1K} - \frac{\varphi_{1K}^2}{2}\cos\varphi_{1K} - (1-\cos\varphi_{1K})]$			$-\frac{p}{\varphi_{1K}}$	${}_2D'_3$
$\sin\varphi_0[\varphi_{1K}\sin\varphi_{1K} - (1-\cos\varphi_{1K}) - \frac{1}{2}\sin^2\varphi_{1K}] +$ $+\cos\varphi_0[\sin\varphi_{1K} - \frac{1}{2}(\varphi_{1K} - \sin\varphi_{1K}\cos\varphi_{1K}) - \varphi_{1K}\cos\varphi_{1K}]$			$\frac{p}{\varphi_{1K}}$	D'_{2II} ${}_1D'_{2II}$	p	D'_{2I}	$3\frac{p}{\varphi_{1K}}$	${}_2D'_{3II}$					
$\cos\varphi_0[\varphi_{1K}\sin\varphi_{1K} - (1-\cos\varphi_{1K}) - \frac{1}{2}\sin^2\varphi_{1K}] -$ $-\sin\varphi_0[\sin\varphi_{1K} - \frac{1}{2}(\varphi_{1K} - \sin\varphi_{1K}\cos\varphi_{1K}) - \varphi_{1K}\cos\varphi_{1K}]$			$-\frac{p}{\varphi_{1K}}$	${}_2D'_{3I}$ ${}_1D'_{3II}$	$-p$	${}_2D'_{3I}$	$3\frac{p}{\varphi_{1K}}$	${}_2D'_{2II}$					
$\sin\varphi_{1K} - \varphi_{1K} + \frac{\varphi_{1K}^3}{6}$							$\frac{p}{\varphi_{1K}}$	D'_1 ${}_1D'_{3I}$					
$\sin\varphi_0[\frac{\varphi_{1K}^2}{2}\sin\varphi_{1K} + \varphi_{1K}\cos\varphi_{1K} - 2\sin\varphi_{1K} + \frac{1}{2}(\varphi_{1K} + \sin\varphi_{1K}\cos\varphi_{1K})] +$ $+\cos\varphi_0[\varphi_{1K}\sin\varphi_{1K} - \frac{\varphi_{1K}^2}{2}\cos\varphi_{1K} - 2(1-\cos\varphi_{1K}) + \frac{\sin^2}{2}\varphi_{1K}]$							$\frac{p}{\varphi_{1K}}$	D'_{2I}					
$\cos\varphi_0[\frac{\varphi_{1K}^2}{2}\sin\varphi_{1K} + \varphi_{1K}\cos\varphi_{1K} - 2\sin\varphi_{1K} + \frac{1}{2}(\varphi_{1K} + \sin\varphi_{1K}\cos\varphi_{1K})] -$ $-\sin\varphi_0[\varphi_{1K}\sin\varphi_{1K} - \frac{\varphi_{1K}^2}{2}\cos\varphi_{1K} - 2(1-\cos\varphi_{1K}) + \frac{\sin^2}{2}\varphi_{1K}]$							$-\frac{p}{\varphi_{1K}}$	${}_2D'_{3I}$					

Tabelle 3

Zusammenstellung der Formeln zur Berechnung der D'-Werte für

radiale / tangentiale / drehende Lasten, gleichförmig / dreieckförmig

Nach Einsetzen von M_o, N_o und Q_o in die Gleichungen (29) bis (31) ergeben sich die D-Werte für die radialen, tangentialen und drehenden Lasten zu:

radiale Lasten:

$$\left.\begin{aligned} D_1 &= r_w \frac{12\,r^2}{Ed^3}\, D'_1 \\ D_2 &= r_w \frac{12\,r^3}{Ed^3} \cdot D'_{2\,I} + r_w \frac{r}{Ed} \cdot D'_{2\,II} \\ D_3 &= r_w \frac{12\,r^3}{Ed^3} \cdot D'_{3\,I} + r_w \frac{r}{Ed} \cdot D'_{3\,II} \end{aligned}\right\} \qquad (32)$$

tangentiale Lasten:

$$\left.\begin{aligned} D_1 &= \frac{12\,r^3}{Ed^3} \cdot D'_1 \qquad D_2 = \frac{12\,r^4}{Ed^3} \cdot D'_{2\,I} + \frac{r^2}{Ed} \cdot D'_{2\,II} \\ D_3 &= \frac{12\,r^4}{Ed^3} \cdot D'_{3\,I} + \frac{r^2}{Ed} \cdot D'_{3\,II} \end{aligned}\right\} \qquad (33)$$

drehende Lasten:

$$D_1 = \frac{12\,r^2}{Ed^3} \cdot D'_1 \qquad D_2 = \frac{12\,r^3}{Ed^3} \cdot D'_2 \qquad D_3 = \frac{12\,r^3}{Ed^3} \cdot D'_3 \qquad (34)$$

Die mit dem Apostroph (') versehenen Faktoren (D'-Werte) wurden vom Bureau of Reclamation für Gleich- und Dreieckslasten (radiale, tangentiale und drehende Lasten), letztere vom Kämpfer bis zu den einzelnen Viertelpunkten einer Bogenhälfte und zum Scheitel reichend, für diese Punkte berechnet und für Belastungswerte p = 1000 und für den halben Zentriwinkel φ_K im Bereich von 10° bis 90° mit einem Intervallschritt von 1° tabellarisch zusammengestellt (Lit. 2 u. 3). Dass damit eine grosse Einsparung an Rechenarbeit verbunden ist, kann aus dem Weiteren ersehen werden.

Ist es notwendig, die D-Werte in anderen Bogenpunkten als den Viertelpunkten zu bestimmen, so müssen die Integrale, wie sie die D'-Werte darstellen, gesondert berechnet werden. Diese sind in Tabelle 3 übersichtlich zusammengestellt, worin die Spalten 1 und 6 die Lösungen der Integrale wiedergeben, die mit bestimmten Faktoren multipliziert (Spalten 2 bis 5 und 7 bzw. 8) die gesuchten D'-Werte oder Teile derselben ergeben. Da einige Integrale in verschiedenen D'-Werten vorkommen, wurden nachstehende D'-Werte in jeweils zwei Teile aufgespalten.

radiale Lasten:

$$\left.\begin{aligned} D'_{2\,II} &= {}_1D'_{2\,II} + {}_2D'_{2\,II} \\ D'_{3\,I} &= {}_1D'_{3\,I} + {}_2D'_{3\,I} \qquad D'_{3\,II} = {}_1D'_{3\,II} + {}_2D'_{3\,II} \end{aligned}\right\} \qquad (32\ a)$$

tangentiale Lasten:

$$\left.\begin{array}{ll} D'_{2\,II} = {}_1D'_{2\,II} + {}_2D'_{2\,II} & \\ D'_{3\,I} = {}_1D'_{3\,I} + {}_2D'_{3\,I} & D'_{3\,II} = {}_1D'_{3\,II} + {}_2D'_{3\,II} \end{array}\right\} \qquad (33\ a)$$

drehende Lasten:

$$D'_3 = {}_1D'_3 + {}_2D'_3 \qquad (34\ a)$$

Wenn die oben beschriebenen amerikanischen Tabellen (Lit. 2) zur Verfügung stehen, so können die trigonometrischen Ausdrücke der Spalten 1 und 6 (Tab. 3) aus diesen entnommen werden. Wie bei den Schnittkräften im statisch bestimmten System (M_0, N_0, Q_0) sind auch hier im Falle der tangentialen und drehenden Gleichlasten die Vorzeichen der D-Werte für den rechten Bogenteil umzukehren.

Ausser den radialen, tangentialen und drehenden Lasten sind auch die gleichmässige und ungleichmässige Temperaturänderung zu berücksichtigen. Gemäss den Gleichungen (29) bis (31) ergeben sich die D-Werte für die gleichmässige Temperaturänderung (Erwärmung positiv) zu:

$$D_1 = 0 \qquad D_2 = -\alpha_t t\, y_K \qquad D_3 = \alpha_t t\, x_K \qquad (35)$$

und für die ungleichmässige Temperaturänderung (positiv bei wärmerer Luftseite) zu:

$$D_1 = -\frac{\alpha_t \Delta t\, r}{d} \cdot A'_1 \qquad D_2 = -\frac{\alpha_t \Delta t\, r^2}{d} \cdot C'_1 \qquad D_3 = -\frac{\alpha_1 \Delta t\, r^2}{d} \cdot B'_1 \qquad (36)$$

worin A'_1, B'_1 und C'_1 wieder die weiter oben angegebenen Funktionen bedeuten (siehe Glgn. (23) bis (25)).

Durch Einführung der Kurzbezeichnungen A_1, B_1, C_1, B_2, C_2, B_3, D_1, D_2 und D_3 an Stelle der entsprechenden Integrale können die Gleichungen (15) bis (17) für die Bogenverformungen in übersichtlicher Form wie folgt angeschrieben werden (die oberen bzw. unteren Vorzeichen beziehen sich wieder auf den linken bzw. rechten Bogenteil).

Verdrehung
$$\omega = \pm M \cdot A_1 \pm N \cdot B_1 \pm Q \cdot C_1 \mp D_1 \pm \omega_K \qquad (37)$$

Tangentialverschiebung
$$\vartheta = \mp M \cdot B_1 \mp N \cdot B_3 \mp Q \cdot B_2 \pm D_3 \mp \mp \omega_K \cdot y_K \mp \vartheta_K \cdot \sin\varphi_K \mp \vartheta_K \cdot \cos\varphi_K \qquad (38)$$

Radialverschiebung
$$\delta = M \cdot C_1 + N \cdot B_2 + Q \cdot C_2 - D_2 + + \omega_K \cdot x_K + \delta_K \cdot \cos\varphi_K - \vartheta_K \cdot \sin\varphi_K \qquad (39)$$

wobei für $M_K \cdot \varepsilon_{11} + Q_K \cdot \varepsilon_{13} = \omega_K$ Kämpferverdrehung

$Q_K \cdot \varepsilon_{33} + M_K \cdot \varepsilon_{13} = \delta_K$ radiale Kämpferverschiebung

$N_K \cdot \varepsilon_{22} = \vartheta_K$ tangentiale Kämpferverschiebung

gesetzt wurde.

Die spezifischen Widerlagerverformungen ε können hiebei nach den Vogt'schen Formeln (Lit. 2) aus nachstehenden Ausdrücken gewonnen werden, in welchen die Hangneigung mit dem Neigungswinkel β (Gefällswinkel der Kämpferfläche bezogen auf die Lotrechte) berücksichtigt ist und E_F den Elastizitätsmodul des Fundamentfelsens bedeutet:

$$\varepsilon_{11} = \frac{k_1}{E_F d^2} \cdot \cos^3\beta + \frac{k_4}{E_F d^2} \cdot \sin^2\beta \cdot \cos\beta \tag{40}$$

$$\varepsilon_{22} = \frac{k_2}{E_F} \cdot \cos^3\beta + \frac{k_3}{E_F} \cdot \sin^2\beta \cdot \cos\beta \tag{41}$$

$$\varepsilon_{33} = \frac{k_3}{E_F} \cdot \cos\beta \tag{42}$$

$$\varepsilon_{13} = \frac{k_5}{E_F d} \cdot \cos^2\beta \tag{43}.$$

Die Koeffizienten k_1 bis k_5 sind von der Form der Sperrenaufstandsfläche und der Poissonzahl des Fundamentfelsens abhängig und sind in der Literatur in Diagrammen und Tabellen (siehe Lit. 2, 3, 14, 15) angegeben.

Bei statischen Vorberechnungen wird im allgemeinen der Hangneigungswinkel $\beta = 0$ gesetzt und die Widerlagerverformung ε_{13} wegen Kleinheit vernachlässigt. Damit vereinfachen sich obige Gleichungen (40) bis (42) zu:

$$\varepsilon_{11} = \frac{k_1}{E_F d^2} \tag{40 a}$$

$$\varepsilon_{22} = \frac{k_2}{E_F} \tag{41 a}$$

$$\varepsilon_{33} = \frac{k_3}{E_F} \tag{42 a}.$$

Für Entwurfsarbeiten eignen sich die von R. S. Lieurance (Lit. 16,3) aufgestellten Tabellen zur Berechnung der Bogenverformungen im Scheitel und in den Viertelpunkten und der Schnittkräfte im Scheitel und Kämpfer der Bogenlamellen besonders gut. Sie beziehen sich auf symmetrische Kreisbogen konstanter Stärke mit symmetrischer Belastung und berücksichtigen Radiallasten (Gleich-, Dreiecks- und Einzellasten) wie auch eine gleichmässige Temperaturänderung. Die Widerlagerverformungen sind mit einem Modulverhältnis Beton zu Fels $E/E_F = 1{,}0$, ferner mit einer Poissonzahl des Fundamentfelsens $\nu = 0{,}2$ und den Koeffizienten $k_1 = 5{,}075$, $k_2 = 1{,}556$ und $k_3 = 1{,}785$ nach den Gleichungen 40a bis 42a erfasst.

Mit der Verhältniszahl Bogenstärke zu Achsradius d/r den Bereich 0,025 bis 1,5 und mit dem halben Zentriwinkel φ_K den Bereich 10° bis 90° umfassend sind die Tabellen auf alle praktisch vorkommenden Bogen anwendbar. Eine willkommene Erweiterung haben diese Tabellen durch die Ergänzung der ungleichmässigen Temperaturänderung von W. Jurecka (Lit. 4) erfahren. Weiters wurden die Tabellen vom Bureau of Reclamation auf die Berücksichtigung von Tangential- und auch Torsionslasten ausgedehnt (Lit. 17), womit es ermöglicht wurde, unter Verwendung derselben die Arbeitszeit von statischen Hauptberechnungen - sofern vorangeführte Voraussetzungen (Symmetrie der Sperre, konstante Bogenstärke usw.) gegeben sind - um ein beträchtliches Mass herabzusetzen. Der Arbeitsaufwand zur Bestimmung der Bogenschnittkräfte und Bogenverformungen infolge der Einheitslasten kann dabei um rund 70 Prozent vermindert werden, wenn die vorbeschriebenen Tabellen zur Durchführung der Berechnungen herangezogen werden.

3,1.2. Der Kreisbogen veränderlicher Stärke:

Die kritischen Spannungen innerhalb eines Bogens treten im allgemeinen im Scheitel und an den Kämpfern auf, wobei die grössten Kräfte zumeist an den Kämpfern wirken. Als wirtschaftlich günstigste Gewölbemauer ist jene zu bezeichnen, deren Spannungen nahezu gleichmässige Werte annehmen und nahe an den festgelegten zulässigen Grenzen liegen. Überschreiten die Kämpferspannungen der Bogenlamellen die zulässigen Grösstwerte, so können sie durch örtliche Verstärkungen der Kämpfer, am besten vermittels Kreisbogen mit kurzen Radien, herabgemindert werden. Da die Kämpferresultierende fast durchwegs zur Luftseite hin verschoben liegt, werden solche Kämpferverbreiterungen in gegebenen Fällen stets an der Luftseite vorzusehen sein. Die Krümmungsmittelpunkte der kreisförmigen Kämpferverstärkungen sollen an jeder Sperrenseite im Grundriss stetige Kurven bilden, um unregelmässig verwundene Oberflächen zu vermeiden. Aus diesem Grunde ist es ebenso erforderlich, dass die Summe aller Tangentenpunkte der Berandungskreise - die Spuren des Beginnens der Verstärkungen - an jeder Sperrenseite stetige Kurven darstellen. Ferner müssen die Radien der Verstärkungen genügend gross sein, um eine sichere Einleitung der resultierenden Bogenkräfte in den Widerlagerfelsen zu gewährleisten und um die Krümmungen der Sperrenoberfläche - also sowohl der Bogen- wie auch der Kragträgerelemente - nicht so zu verschärfen, dass übermässig grosse randparallele Spannungen hervorgerufen werden. Daher soll der Verschnittwinkel zwischen Verstärkung und Kämpfer grösser als 45 Grad sein (Lit.17). Vermittels der oben beschriebenen Verstärkungen können die Kämpferspannungen im allgemeinen um 10 bis 20 % herabgemindert werden, wenn eine Verbreiterung der Kämpfer um ungefähr 25 % vorgenommen wird.

Wird es notwendig, die Ausrundungen zur Kämpferverstärkung bis über die Bogenhälften hinauszuziehen, so ist es vorteilhafter, diese bis zum Scheitelpunkt auszudehnen. Damit ist der Fall gegeben, dass die Bogenlamelle von zwei exzentrisch liegenden Kreisen berandet wird und die Bogenstärke vom Scheitel zu den Kämpfern eine stetige Zunahme erfährt. Derart gestaltete Bogen können von Vorteil sein, um eine günstigere Lastaufteilung zwischen den Bogen- und Kragträgerelementen zu erhalten und um eine bessere Ausnützung der zulässigen Spannungen zu erreichen, ferner bei unsymmetrischen Sperren und bei Sperren in sehr engen Tälern, wo die Bogenlamellen zur Anordnung von Kämpferverstärkungen zu kurz sind, ohne dass damit eine übermässige Krümmungsverschärfung an den Kämpfern bewirkt wird.

Um wie beim Kreisbogen konstanter Stärke auch hier im Falle einer vom Scheitel zu den Kämpfern stetig anwachsenden Bogenstärke die erforderlichen Integrationen durchführen zu können, muss die Bogenstärke d wie auch das Trägheitsmoment J in Abhängigkeit zum Zentriwinkel φ gebracht werden. Dabei ist anzustreben, den funktionellen Zusammenhang zwischen d bzw. J und φ so zu gestalten, dass dessen Reziprokwerte - da sie als solche in den Integralen (siehe Abschnitt 3, 1, 1) aufscheinen - leicht integrierbare Ausdrücke ergeben. Die bereits zahlreich aufgestellten Gesetze bezüglich der analytischen Darstellung einer stetig veränderlichen Bogenstärke im obigen Sinne - Berandung des Bogens durch zwei exzentrisch liegende Kreise - geben die exakte Varianz von d bzw. J nur in mehr oder weniger guter Näherung wieder. In diesem Zusammenhang sei erwähnt, dass schon die eindeutige Definierung der Bogenachse solcher Bogenlamellen grosse Schwierigkeiten bereitet. (Lit. 18). Im allgemeinen kann jedoch mit hinreichender Genauigkeit als Bogenachse jener Kreisbogen festgelegt werden, welcher durch die Halbierungspunkte der Scheitel- und Kämpferstärken hindurchgeht. Dann kann die Bogenstärke aus Radialschnitten des Achskreises - d.h. aus senkrecht zur Bogenachse liegenden Schnitten - bestimmt werden.

Die nachfolgenden Abschnitte behandeln Bogen stetig veränderlicher Stärke unter Zugrundelegung verschiedener Veränderlichkeitsgesetze und Näherungsverfahren, die durch Verwendung von Tabellen oder Kurventafeln eine starke Verminderung des zur Berechnung solcher Bogen erforderlichen Rechenaufwandes ermöglichen. Im einzelnen werden die von folgenden Autoren angegebenen Funktionen für die Bogenstärke d bzw. für das Trägheitsmoment J herangezogen:

1. Perkins (Lit. 19)
2. Mensch (Lit. 20, 21)
3. Rolin (Lit. 22)

In den Tabellen 4 und 5 sind die Bogenstärken und Trägheitsmomente nach den Veränderlichkeitsgesetzen vorgenannter Autoren den exakten Werten gegenübergestellt und zwar für einen durch zwei exzentrisch liegende Kreise berandeten Bogen nach Abb. 7, dessen halber Öffnungswinkel $\varphi_K = 60^o$, dessen Achskreisradius r = 100 m, dessen Scheitelstärke d_S = 10 m und dessen Kämpferstärke d_K = 20 m beträgt. Wie daraus zu entnehmen ist, ergeben sich nach dem Rolin'schen Gesetz - zumindest für den beschriebenen Bogen - die genauesten Werte. Jedoch sind die ersten beiden Gesetze (Perkins und Mensch) am geeignetsten, Gebrauchsformeln für statische Vorberechnungen von Gewölbemauern herzuleiten.

Tabelle 4 - Bogenstärken d

Pkt.	φ	exakt	Perkins	Mensch	Rolin
S	0°	10,000	10,000	10,000	10,000
1/4	15°	10,681	10,353	11,757	10,681
1/2	30°	12,679	11,547	14,058	12,679
3/4	45°	15,858	14,142	16,899	15,858
K	60°	20,000	20,000	20,000	20,000

Tabelle 5 - Trägheitsmomente J

Pkt.	φ	exakt	Perkins	Mensch	Rolin
S	0°	83,333	83,333	83,333	83,333
1/4	15°	101,544	92,474	112,841	101,544
1/2	30°	169,853	128,300	168,411	169,853

Fortsetzung der Tabelle 5

Pkt.	φ	exakt	Perkins	Mensch	Rolin
3/4	45°	332,326	235,695	291,818	332,326
K	60°	666,666	666,666	666,666	666,666

3,1.2,1. Kreisbogen veränderlicher Stärke - -Veränderlichkeitsgesetz von Perkins:

Das von W.A. Perkins angegebene Veränderlichkeitsgesetz der Bogenstärke (Lit. 19) hat mit den Bezeichnungen (siehe auch Abb. 7)

d_S .... Bogenstärke im Scheitel

d_K .... Bogenstärke im Kämpfer

φ .... Öffnungswinkel vom Scheitel ab gemessen

d .... Bogenstärke im Schnitt φ

a .... Faktor, abhängig von d_S, d_K und dem Öffnungswinkel φ_K

folgende Form:

$$d = \frac{d_S}{\cos a\varphi} \tag{44}$$

sodass für das Trägheitsmoment $J = d^3/12$

$$J = \frac{d_S^3}{12 \cdot \cos^3 a\varphi} \tag{45}$$

gilt. Der Faktor a lässt sich aus

$$d_K = \frac{d_S}{\cos a\varphi_K} \qquad \text{zu} \qquad a = \frac{1}{\varphi_K} \cdot \operatorname{arc\,cos} \frac{d_S}{d_K} \tag{46}$$

bestimmen. Aus der Tafel 1 (siehe Abschnitt 5) kann der Faktor a für gegebene Zentriwinkel φ_K und verschiedene Verhältniszahlen d_S/d_K leicht entnommen werden.

Mit diesem Veränderlichkeitsgesetz werden alle zur Berechnung symmetrischer Bogenlamellen notwendigen Ausdrücke, wie sie in statischen Vorberechnungen von Gewölbemauern erforderlich sind, nachstehend hergeleitet. Hierbei wird von dem Vorteil in der Verwendung des elastischen Schwerpunktes, wie im Abschnitt 2,2.2. dargelegt, Gebrauch genommen. Die Widerlagerverformungen werden gemäss den Gleichungen (40a) bis (42a) des Abschnittes 3,1.1. in die Berechnungen einbezogen und das Modulverhältnis Beton zu Fels $E/E_F = \mu$ gesetzt. Zur übersichtlicheren Gestaltung der Endformeln werden ferner für verschiedene trigonometrische Ausdrücke, die sich aus den Integrationen ergeben, nachstehende Kurzbezeichnungen in Anlehnung an die o.a. Veröffentlichung von Perkins eingeführt.

$$A' = \frac{\sin 3a\varphi_K}{3a} + \frac{\sin(2+3a)\varphi_K}{2(2+3a)} + \frac{\sin(2-3a)\varphi_K}{2(2-3a)} + 3F' \tag{47}$$

$$B' = \frac{\sin(1+3a)\varphi_K}{(1+3a)} + \frac{\sin(1-3a)\varphi_K}{(1-3a)} + 3K' \tag{48}$$

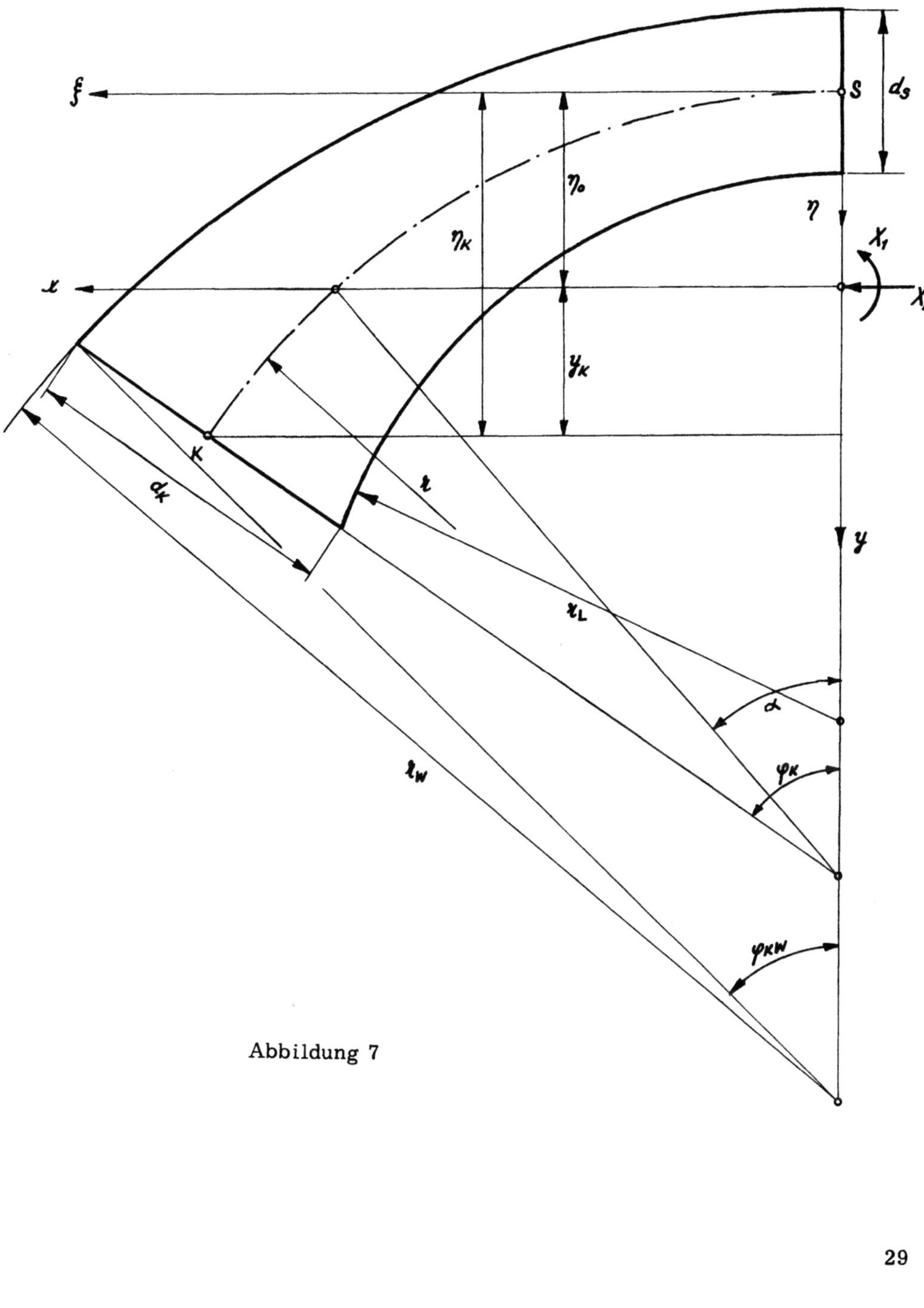

Abbildung 7

$$C' = \frac{\sin 3a\varphi_K}{3a} + 3\,\frac{\sin a\varphi_K}{a} \qquad (49)$$

$$F' = \frac{\sin a\varphi_K}{a} + \frac{\sin(2+a)\varphi_K}{2(2+a)} + \frac{\sin(2-a)\varphi_K}{2(2-a)} \qquad (50)$$

$$J' = \frac{\sin a\varphi_K}{a} - \frac{\sin(2+a)\varphi_K}{2(2+a)} - \frac{\sin(2-a)\varphi_K}{2(2-a)} \qquad (51)$$

$$K' = \frac{\sin(1+a)\varphi_K}{(1+a)} + \frac{\sin(1-a)\varphi_K}{(1-a)} \qquad (52)$$

$$N' = \frac{1-\cos(1+3a)\varphi_K}{(1+3a)} + \frac{1-\cos(1-3a)\varphi_K}{(1-3a)} \qquad (53)$$

$$Q' = \frac{1-\cos(1+a)\varphi_K}{(1+a)} + \frac{1-\cos(1-a)\varphi_K}{(1-a)} \qquad (54)$$

$$R' = \frac{1-\cos(2+3a)\varphi_K}{(2+3a)} + \frac{1-\cos(2-3a)\varphi_K}{(2-3a)} \qquad (55)$$

$$V' = \frac{1-\cos(2+a)\varphi_K}{(2+a)} + \frac{1-\cos(2-a)\varphi_K}{(2-a)} \qquad (56)$$

Zunächst ist die Lage des elastischen Schwerpunktes - durch den Wert η_o in der Symmetrieachse definiert - zu ermitteln. Dieser folgt durch Nullsetzung von

$$\delta_{12} = \int_0^{s_K} \frac{y\,ds}{EJ} + \varepsilon_{11} \cdot y_K = 0$$

nach Einführung von $y = \eta - \eta_o$ und $\varepsilon_{11} = \frac{u \cdot k_1}{E \cdot d_K^2}$ zu

$$\eta_o = r\,\frac{3\,\frac{r}{d_s}\,(C' - \frac{1}{2}\,B') + \mu\,k_1\,(1-\cos\varphi_K) \cdot \cos^2 a\varphi_K}{3\,\frac{r}{d_s}\,C' + \mu\,k_1 \cos^2 a\varphi_K}$$

Der elastische Schwerpunkt kann auch vorteilhaft durch den Winkel α (siehe Abb. 7) festgelegt werden, nachdem $\eta_o = r\,(1 - \cos\alpha)$ und daraus $\cos\alpha = 1 - \frac{\eta_o}{r}$ gesetzt werden kann. Durch entsprechende Umformung obiger Gleichung folgt

$$\cos\alpha = \cos\varphi_K + \frac{\frac{1}{2}\,B' - C'\cos\varphi_K}{C' + \frac{d_s}{3r}\,\mu\,k_1 \cdot \cos^2 a\varphi_K}$$

und mit

$$H_o = \frac{1}{2}\,B' - C'\cos\varphi_K \qquad (57a)$$

schliesslich $$\cos\alpha = \cos\varphi_K + \frac{H_o}{C' + \frac{d_s}{3r}\,\mu\, k_1 \cos^2 a\varphi_K} \qquad (57)$$

Die Funktionswerte B', C' und H_o können aus den Diagrammen der Tafeln 3,4 und 5 (siehe Anhang) entnommen werden. Damit können die Koeffizienten und Absolutglieder der Elastizitätsgleichungen (22) wie folgt berechnet werden (vgl. Abschnitt 2).

a) Koeffizienten der Elastizitätsgleichungen:

$$\delta_{11} = \int_0^{s_K} \frac{ds}{EJ} + \varepsilon_{11} = \frac{1}{E\,d_s^2}\left[3\,\frac{r}{d_s}\,C' + \mu k_1 \cos^2 a\varphi_K\right] \qquad (58)$$

$$\delta_{22} = \int_0^{s_K} \frac{y^2 ds}{EJ} + \int_0^{s_K} \frac{\cos^2\varphi\, ds}{EF} + 3\int_0^{s_K} \frac{\sin^2\varphi\, ds}{EF} + \varepsilon_{11}\cdot y_K^2 + \varepsilon_{22}\cdot\cos^2\varphi_K + \varepsilon_{33}\cdot\sin^2\varphi_K =$$

$$= \frac{3}{E}\left(\frac{r}{d_s}\right)^3\left[\frac{1}{2}\,A' - \cos\alpha(B' - C'\cos\alpha)\right] + \frac{r}{2E d_s}(F' + 3J') +$$

$$+ \frac{\mu}{E}\left[\left(\frac{r}{d_s}\right)^2 k_1\,.\,\cos^2 a\varphi_K(\cos\alpha - \cos\varphi_K)^2 + k_2 + (k_3 - k_2)\sin^2\varphi_K\right]$$

Die Werte für A'/2 und (F' + 3 J') sind wieder in Kurventafeln (Tafel 6 und 7 im Anhang, Abschnitt 5) für alle praktisch vorkommenden Bogenformen dargestellt. Da der Klammerausdruck [A'/2 - $\cos\alpha$ (B' - C' $\cos\alpha$)] im allgemeinen sehr kleine Werte ergibt, wurden für diesen zusätzliche Diagramme berechnet (siehe im Anhang Tafel 8 - 13). Setzt man

$$H_1 = \left[\frac{1}{2}\,A' - \cos\alpha\,(B' - C'\cos\alpha)\right] \quad \text{so folgt} \qquad (59a),$$

$$\delta_{22} = \frac{1}{E}\left\{3\left(\frac{r}{d_s}\right)^3 H_1 + \frac{r}{2\,d_s}(F' + 3J') + \mu\left[\left(\frac{r}{d_s}\right)^2 k_1 \cos^2 a\varphi_K(\cos\alpha - \cos\varphi_K)^2 + \right.\right.$$

$$\left.\left. + k_2 + (k_3 - k_2)\sin^2\varphi_K\right]\right\} \qquad (59).$$

b) Absolutglieder der Elastizitätsgleichungen:

ba) Radiale Gleichlast:

Für Vorberechnungen genügt es, die an der Wasserseite angreifende Radiallast in eine entsprechende Gleichlast, welche in der Bogenachse wirkt, umzuwandeln und die Richtungsänderung - aus der Exzentrizität des wasserseitigen Berandungskreises und des Achskreises folgend - bei dieser Umformung zu vernachlässigen. Eine genauere Erfassung von Radiallasten wird im Abschnitt 3,1.2,3 gegeben. Es ist hinreichend genau, wenn man die Umformung entsprechend den Bogenlängen vornimmt, also

$$p' = p\,\frac{r_W \cdot \varphi_{KW}}{r.\varphi_K} \qquad (60)$$

setzt, worin p die an der Wasserseite und p' die am Achskreis wirkende Gleichlast bezeichnet. Dazu benötigt man den Öffnungswinkel φ_{KW} und den Radius r_W, die man bei gegebenem d_S, d_K, r und φ_K aus den geometrischen Beziehungen

$$\operatorname{tg}\frac{\varphi_{KW}}{2} = \frac{r\,(1 - \cos\varphi_K) - \frac{1}{2}\,(d_K \,.\, \cos\varphi_K - d_S)}{(r + \frac{d_K}{2})\,\sin\varphi_K} \tag{61}$$

und

$$r_W = (r + \frac{d_K}{2})\,\frac{1}{2}\,\sin\varphi_K (\operatorname{tg}\frac{\varphi_{KW}}{2} + \operatorname{ctg}\frac{\varphi_{KW}}{2}) \tag{62}$$

gewinnen kann.

Eine andere Möglichkeit der näherungsweisen Bestimmung von p' besteht darin,

$$p' = p\,(1 + \frac{d_m}{2\,r}) \tag{63}$$

zu setzen (Lit. 19), wobei d_m die mittlere Bogenstärke ist, welche aus der Bogenfläche F_B zu

$$d_m = \frac{F_B}{r \,.\, \varphi_K} \tag{64}$$

folgt. Nachdem

$$F_B = \int_0^{\varphi_K} d \,.\, r \,.\, d\varphi = d_S \,.\, r \int_0^{\varphi_K} \frac{d\varphi}{\cos a\varphi} = \frac{d_S \,.\, r}{a} \,.\, \ln \operatorname{tg}(45^o + \frac{a\varphi_K}{2}) \tag{65}$$

ist, so ergibt sich

$$d_m = \frac{2{,}3026 \,.\, d_S}{a\,\varphi_K} \,.\, \log \operatorname{tg}(45^o + \frac{a\varphi_K}{2}) \tag{66}$$

oder mit

$$f = \frac{2{,}3026}{a\varphi_K} \,.\, \log \operatorname{tg}(45^o + \frac{a\varphi_K}{2}) \tag{67}$$

zu $d_m = f \,.\, d_S$ (68)

Die Funktion f nach Gleichung (67) ist in der Tafel 2 im Anhang (Abschnitt 5) dargestellt, wodurch eine rasche Berechnung von d_m bzw. p' ermöglicht ist.

Wenn man zur einfacheren Berechnung der durch die radiale Gleichlast p hervorgerufenen Scheitelverformungen (Absolutglieder der Elastizitätsgleichungen) im Scheitelpunkt S die tangentiale Zusatzkraft p'.r anbringt, so wird $N_O = p'.r$ ein konstanter Wert und $M_O = Q_O = 0$ und damit auch $X_1 = 0$, da $\delta_{10} = 0$ ist. Die Tangentialverschiebung infolge p' und der Normalkraft p'. r im Scheitel ergibt sich dann mit

$$\delta_{20} = -\,p' \,.\, r \,.\, \left[\int_0^{s_K} \frac{\cos\varphi\, ds}{EF} + \varepsilon_{22} \,.\, \cos\varphi_K\right] = -\,\frac{p' \,.\, r}{E}\left[\frac{r}{d_S} \,.\, \frac{1}{2}\, K' + \mu\, k_2 \cos\varphi_K\right] \tag{69}$$

worin die Funktion K'/2 aus Tafel 14 des Anhanges entnommen werden kann.

bb) Gleichmässige Temperaturänderung:

Wird, wie in den vorigen Abschnitten, eine Erwärmung um t Grade positiv eingeführt, so lauten die Absolutglieder

$$\delta_{10} = 0 \qquad \text{und} \qquad \delta_{20} = \int_0^{s_K} \alpha_t\, t \cos\varphi\, ds = \alpha_t\, t\, r \sin\varphi_K \tag{70}$$

bc) Ungleichmässige Temperaturänderung:

Für eine über die Bogenquerschnitte linear veränderliche und entlang der Bogenachse konstante Temperaturverteilung gilt (bei wärmerer Luftseite positiv)

$$\delta_{10} = -\int_0^{s_K} \frac{\alpha_t\, \Delta t\, ds}{d} = -\alpha_t\, \Delta t\, \frac{r}{d_S} \cdot \frac{1}{2} (F' + J') \tag{71}$$

$$\delta_{20} = -\int_0^{s_K} \frac{\alpha_t\, \Delta t\, y\, ds}{d} = -\alpha_t\, \Delta t\, \frac{r^2}{d_S} \cdot H_2 \tag{72}$$

mit

$$H_2 = \frac{1}{2} \left[(F' + J') \cos\alpha - K' \right] \tag{72a}$$

Darin können die Funktionen $(F' + J')/2$ und H_2 wieder aus Diagrammen (Abschnitt 5, Tafel 15 bzw. 16 bis 21) abgelesen werden.

Aus den Elastizitätsgleichungen (22) können nun die Unbekannten X_1 und X_2 und weiters die Schnittkräfte nach den Gleichungen (14) berechnet werden. Letztere nehmen im Scheitel bzw. Kämpfer, unter Beachtung von $y = \eta_1 - \eta_{10}$, die Form an

$$\begin{aligned} M_S &= X_1 - X_2 \cdot \eta_0 - M_{0S} & \qquad M_K &= X_1 + X_2\, r (\cos\alpha - \cos\varphi_K) - M_{0K} \\ N_S &= X_2 + N_{0S} & N_K &= X_2 \cdot \cos\varphi_K + N_{0K} \\ Q_S &= 0 & Q_K &= X_2 \cdot \sin\varphi_K - Q_{0K} \end{aligned} \tag{73}$$

Für die einzelnen Lasten ergeben sich die in Tabelle 6 zusammengestellten Schnittkräfte im Scheitel und Kämpfer.

Tabelle 6 - Schnittkräfte im Scheitel und Kämpfer

		rad. Gleichlast p	glm. Temp.-ändg. t	unglm. Temp.-ändg. Δt
Scheitel	M_S	$-X_2 \cdot r(1-\cos\alpha)$	$-X_2 \cdot r(1-\cos\alpha)$	$X_1 - X_2 \cdot r(1-\cos\alpha)$
	N_S	$X_2 + p' \cdot r$	X_2	X_2
Kämpfer	M_K	$X_2 \cdot r(\cos\alpha - \cos\varphi_K)$	$X_2 \cdot r(\cos\alpha - \cos\varphi_K)$	$X_1 + X_2 \cdot r(\cos\alpha - \cos\varphi_K)$
	N_K	$X_2 \cdot \cos\varphi_K + p' \cdot r$	$X_2 \cdot \cos\varphi_K$	$X_2 \cdot \cos\varphi_K$
	Q_K	$X_2 \cdot \sin\varphi_K$	$X_2 \cdot \sin\varphi_K$	$X_2 \cdot \sin\varphi_K$

In Vorberechnungen von Gewölbemauern werden ausserdem noch die Radialverschiebungen des Scheitelpunktes δ_S (flussaufwärts positiv) benötigt. Diese folgen mit dem Hilfswert

$$\bar{A} = \frac{3}{2} \left(\frac{r}{d_S}\right)^3 . H_3 + \frac{r}{d_S} . \frac{1}{2} V' + \mu \left[\left(\frac{r}{d_K}\right)^2 . k_1 (\cos\alpha - \cos\varphi_K) \sin\varphi_K + \right.$$

$$\left. + (k_3 - k_2) \sin\varphi_K . \cos\varphi_K \right] \qquad (74),$$

worin

$$H_3 = \left[(N' + 3Q') \cos\alpha - \frac{1}{2} (R' + 3V') \right] \qquad (74\,a),$$

zu:

a) infolge radialer Gleichlast und der Normalkraft p'. r im Scheitel:

$$\delta_S = \frac{1}{E} \left[\bar{A} . X_2 - p' . r \left(\frac{r}{d_S} . \frac{1}{2} Q' + \mu k_2 \sin\varphi_K \right) \right] \qquad (75)$$

b) infolge gleichmässiger Temperaturänderung t:

$$\delta_S = \frac{1}{E} . \bar{A} . X_2 + \alpha_t t r (1 - \cos\varphi_K) \qquad (76)$$

c) infolge ungleichmässiger Temperaturänderung Δt:

$$\delta_S = \frac{1}{E} \left\{ X_1 \left[\frac{3}{2} . \frac{r^2}{d_S^3} (N' + 3Q') + \frac{r}{d_K^2} \mu k_1 \sin\varphi_K \right] + \bar{A} . X_2 \right\} + \alpha_t \Delta t \frac{r^2}{d_S} . \frac{Q'}{2} \qquad (77).$$

Die Funktionen H_3 bzw. (N' + 3Q') und (R' + 3 V')/2, sowie Q'/2 und V'/2 wurden für verschiedene Werte a und φ bzw. auch cos α berechnet und sind in den Tafeln 22 bis 31 des Anhanges Abschnitt 5 graphisch dargestellt.

Nimmt man im weiteren eine volle Einspannung des Bogens an den Kämpfern an, d.h. dass mit $E_F = \infty$ die Verhältniszahl des Beton- und Felsmoduls $\mu = E/E_F = 0$ wird, so vereinfachen sich obige Ausdrücke wie folgt:
Lage des elastischen Schwerpunktes

$$\cos\alpha = \frac{B'}{2\,C'} \qquad (78)$$

Koeffizienten der Elastizitätsgleichungen

$$\delta_{11} = \frac{3\,r}{E\,d_S^3} . C' \qquad (79)$$

$$\delta_{22} = \frac{1}{2E} . \frac{r}{d_S} \left[\left(\frac{r}{d_S}\right)^2 . Y + (F' + 3J') \right] \qquad (80)$$

$$\text{mit } Y = \frac{3}{2} \left(2A' - \frac{B'^2}{C'}\right) \qquad (80a).$$

Absolutglieder der Elastizitätsgleichungen für die radiale Gleichlast und die Zusatzkraft p'.r im Scheitel

$$\delta_{10} = 0 \qquad \delta_{20} = - \frac{p' . r}{E} . \frac{r}{d_S} . \frac{K'}{2} \qquad (81),$$

für die gleichmässige und ungleichmässige Temperaturänderung bleiben die Gleichungen (70) bis (72) unverändert.
Die radialen Scheitelverschiebungen mit

$$\bar{A} = \frac{r}{d_S} \left[\left(\frac{r}{d_S}\right)^2 . Z + \frac{1}{2} V' \right] \qquad (82),$$

wobei

$$Z = \frac{3}{4} \left[\frac{B'}{C'} (N' + 3\,Q') - (R' + 3\,V') \right] \tag{82 a}$$

infolge radialer Gleichlast und der Scheitelkraft p'. r

$$\delta_s = \frac{1}{E} \left[\bar{A} \,.\, X_2 - p'r \,.\, \frac{r}{d_s} \,.\, \frac{Q'}{2} \right] \tag{83}$$

infolge gleichmässige Temperaturänderung wie Gleichung (76) und infolge ungleichmässiger Temperaturänderung

$$\delta_s = \frac{1}{E} \left[X_1 \,.\, \frac{3}{2} \,.\, \frac{r^2}{d_s^3} (N' + 3\,Q') + \bar{A} \,.\, X_2 \right] + \alpha_t\, \Delta t \,\frac{r^2}{d_s} \,.\, \frac{Q'}{2} \tag{84}$$

Die Funktionen cos α, Y und Z sind in den Tafeln 32, 34 und 33 (siehe Abschnitt 5) wiedergegeben.

3,1.2,2. Kreisbogen veränderlicher Stärke - Veränderlichkeitsgesetz von Mensch:

Die von L. J. Mensch angegebenen Funktionen (Lit.20,21), welche sich nicht nur auf die Veränderlichkeit der Bogenstärke d sondern auch auf jene des Trägheitsmomentes J beziehen, lauten (siehe Abb. 7):

$$d = \frac{d_s}{1 - c_d \frac{\sin\varphi}{\sin\varphi_K}} \qquad \text{mit } c_d = 1 - \frac{d_s}{d_K} \tag{85}$$

und

$$J = \frac{J_s}{1 - c_i \frac{\sin\varphi}{\sin\varphi_K}} \qquad \text{mit } c_i = 1 - \frac{J_s}{J_K} \tag{86}$$

Wie aus diesen leicht zu erkennen ist, spalten sich die bei der Bogenberechnung auftretenden Integrale in zwei Teile auf, von denen sich der erste auf einen Bogen mit der konstanten Stärke d_s und der zweite auf die Zunahme der Bogenstärke bezieht. Dadurch führen die einzelnen Integrale teilweise wieder auf die im Abschnitt 3,1.1 angeführten Ausdrücke, die die Anwendung der dort beschriebenen amerikanischen Tabellen gestatten.

Es seien hier die zu Vorberechnungen von Gewölbemauern erforderlichen Integrationen nicht mehr ausgeführt, da sie an anderer Stelle (Lit. 23) zur Herleitung von Gebrauchsformeln bereits angegeben wurden. Nicht unerwähnt bleibe jedoch, dass im Zuge der Projektierungsarbeiten der Oberstufe Kaprun von der Tauernkraftwerke A.G. Kurventafeln, ähnlich wie im vorhergehenden Abschnitt gestaltet, für verschiedene aus dem Veränderlichkeitsgesetz von Mensch resultierende Funktionen entwickelt wurden (Lit. 24).

3,1.2,3. Kreisbogen veränderlicher Stärke - -Veränderlichkeitsgesetz von Rolin:

Wie weiter oben schon zum Ausdruck gebracht wurde, gibt das von G. R. Rolin in seiner Abhandlung (Lit. 22) angeführte Veränderlichkeitsgesetz die beste Näherung an den wirklichen Verlauf von Bogenstärke und Trägheitsmoment. Es lautet

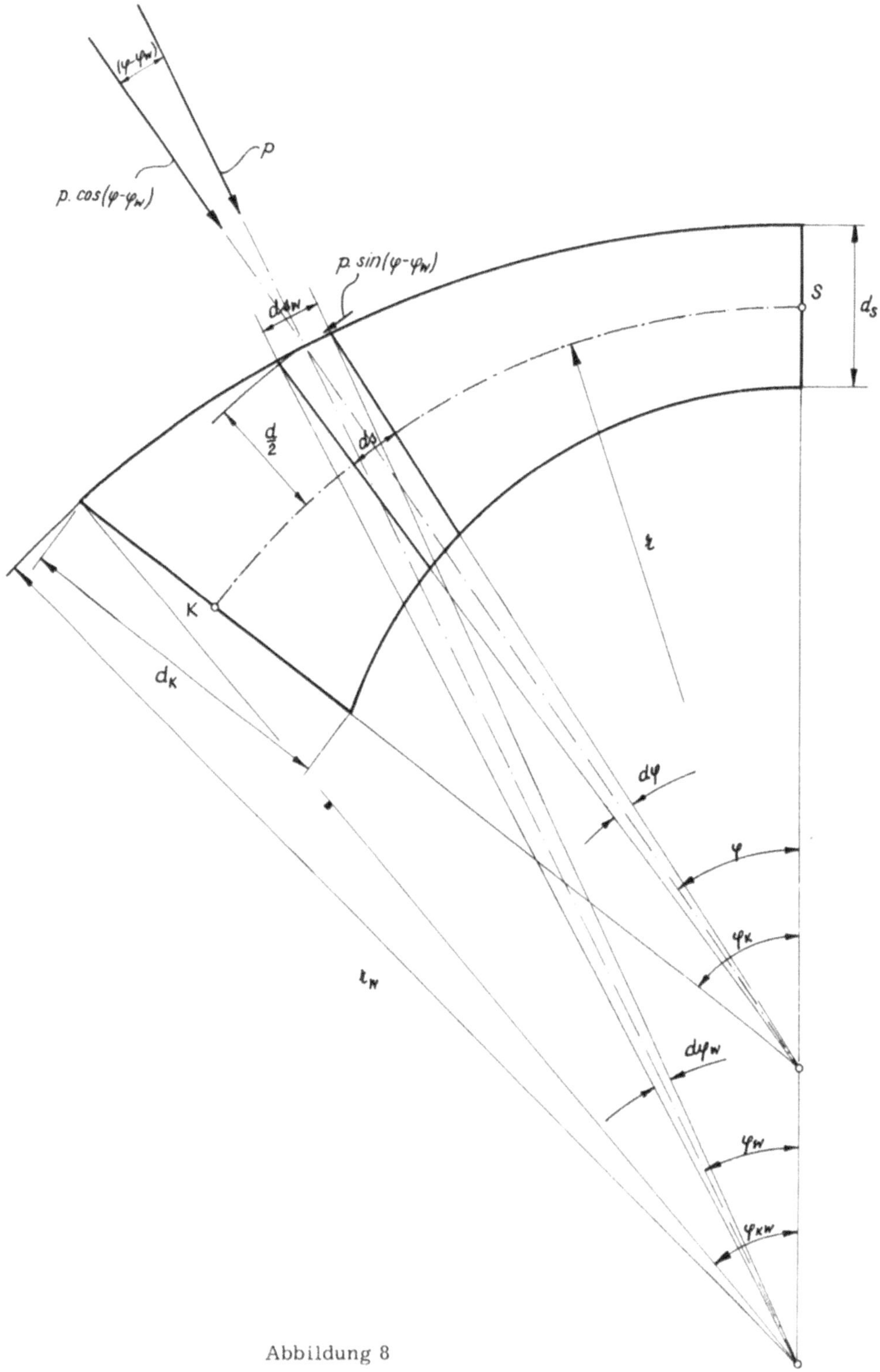

Abbildung 8

$$d = \frac{d_S}{C} (C + 1 - \cos\varphi) \qquad (87),$$

worin

$$C = \frac{d_S (1 - \cos\varphi_K)}{d_K - d_S} \qquad (87\,a).$$

Im weiteren wird zur Ableitung von Formeln für die Schnittkräfte M_o, N_o und Q_o infolge radialer Lasten das Veränderlichkeitsgesetz in obiger Form verwendet. Durch Einsetzen von Gleichung (87a) in Gleichung (87) und Umformung kann auch geschrieben werden

$$d = d_S + (d_K - d_S) \frac{1 - \cos\varphi}{1 - \cos\varphi_K} \qquad (88).$$

Man erkennt, dass die in der Bogenberechnung auftretenden Integrale nicht mehr auf einfache Weise gelöst werden können, nachdem d bzw. d^3 im Nenner der betreffenden Integrale zu stehen kommt. Diese Schwierigkeit wird jedoch am einfachsten dadurch überwunden, indem man die Integrale, wie Rolin ausführt (Lit. 22), nach der Simpson'schen Regel auflöst.

Nachstehend sei noch ein Verfahren wiedergegeben, das eine genauere Erfassung der an der Wasserseite angreifenden Radiallasten gestattet (ein anderes Verfahren ist im folgenden Abschnitt 3,1.2,4 dargestellt; s.a. Lit. 24). Dieses wird man vorzugsweise in statischen Hauptberechnungen anwenden, in welchen eine grössere Genauigkeit gefordert wird, im Gegensatz zu den im Abschnitt 3,1.2,1 durch die Gleichungen (60) und (63) gegebenen Näherungen, die jedoch in statischen Vorberechnungen hinreichende Ergebnisse liefern.

Mit Bezug auf Abb. 8 kann die an der Wasserseite wirkende Radiallast p in folgende auf die Bogenachse bezogene Komponenten zerlegt werden (die Indices r, t und d kennzeichnen die radiale, tangentiale und drehende Komponente):

$$\left.\begin{array}{ll} \text{radiale Komponente} & dp_r = p \cdot \cos(\varphi - \varphi_W) \cdot ds_W \\ \text{tangentiale Komponente} & dp_t = p \cdot \sin(\varphi - \varphi_W) \cdot ds_W \\ \text{drehende Komponente} & dp_d \doteq p \cdot \sin(\varphi - \varphi_W) \cdot \frac{d}{2} \cdot ds_W \end{array}\right\} \qquad (89).$$

Eine exakte Berechnung der Schnittkräfte würde die Bestimmung des Winkels $(\varphi - \varphi_W)$ für jeden Bogenpunkt erfordern, was jedoch sehr kompliziert wäre. Es werden daher Annahmen getroffen, welche die Lasten nur durch einen variablen Winkel, nämlich φ, ausdrücken. Es wird näherungsweise gesetzt:

a) $\varphi_W = \varphi \cdot \varphi_{KW} / \varphi_K$,

sodass $d\varphi_W = d\varphi \cdot \varphi_{KW} / \varphi_K$ und $ds_W = r_W \cdot d\varphi_W = r_W \cdot d\varphi \cdot \varphi_{KW} / \varphi_K$;

b) $\sin(\varphi - \varphi_W) = \sin(\varphi_K - \varphi_{KW}) \cdot \sin\varphi / \sin\varphi_K$;

c) d/2 gemäss obigem Veränderlichkeitsgesetz Gleichung (87);

d) $\cos(\varphi - \varphi_W) = 1$; diese letzte Annahme wurde durch Berechnung einer grossen Anzahl von Bogen mit Verhältnissen $d_K : d_S$ bis zu 5 überprüft und es wurde gefunden, dass der exakte Wert nur um maximal 1 % von 1,0 abweicht (Lit. 22).

Mit diesen Annahmen lauten nun die einzelnen Komponenten:

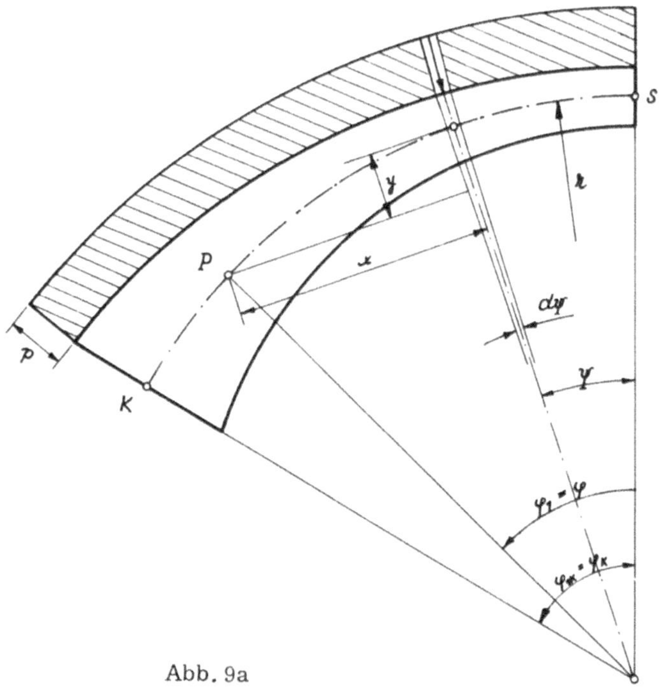

Abb. 9a

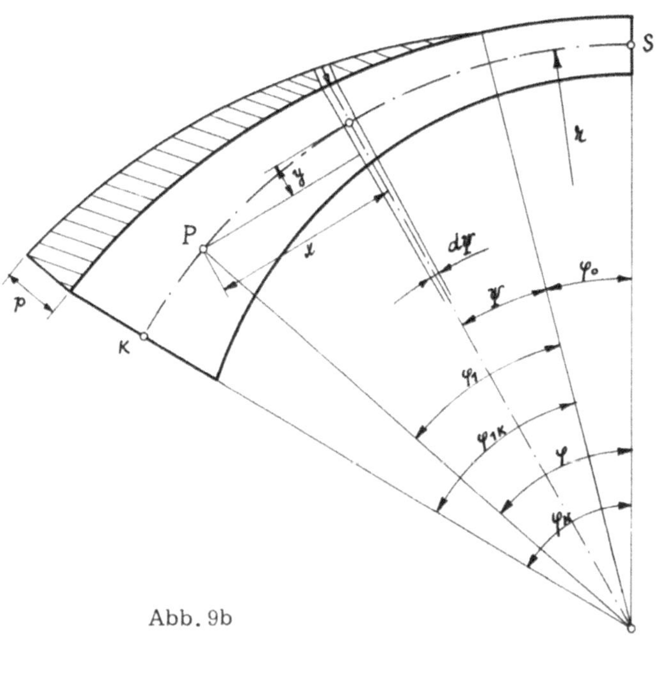

Abb. 9b

$$\left.\begin{aligned} dp_r &= p \cdot r_W \cdot \frac{\varphi_{KW}}{\varphi_K}\, d\varphi \\ dp_t &= p \cdot r_W \cdot \frac{\varphi_{KW}}{\varphi_K} \cdot \frac{\sin(\varphi_K - \varphi_{KW})}{\sin\varphi_K} \cdot \sin\varphi \cdot d\varphi \\ dp_d &= dp_t \cdot \frac{d_s}{2C} (C + 1 - \cos\varphi) \end{aligned}\right\} \qquad (89a);$$

setzt man

$$\left.\begin{aligned} Z_1 &= p \cdot r_W \cdot \frac{\varphi_{KW}}{\varphi_K} \\ Z_2 &= Z_1 \cdot \frac{\sin(\varphi_K - \varphi_{KW})}{\sin\varphi_K} \\ Z_3 &= Z_2 \cdot \frac{d_s}{2C} \end{aligned}\right\} \qquad (89b),$$

so lauten die Komponenten:

$$\left.\begin{aligned} dp_r &= Z_1 . d\varphi \\ dp_t &= Z_2 \cdot \sin\varphi \cdot d\varphi \\ dp_d &= Z_3 \cdot (C + 1 - \cos\varphi) . \sin\varphi . d\varphi \end{aligned}\right\} \qquad (90).$$

Damit folgt für die radiale Gleichlast (siehe Abb. 9a):

M_0 im Punkt P infolge der radialen Komponente

$$M_{or} = \int_0^{\varphi_1} Z_1 r \sin(\varphi_1 - \psi)\, d\psi = Z_1 r (1 - \cos\varphi)$$

M_0 im Punkt P infolge der tangentialen Komponente

$$M_{ot} = -\int_0^{\varphi_1} Z_2 r \sin\psi \left[1 - \cos(\varphi_1 - \psi)\right] d\psi = - Z_2 r \left(1 - \cos\varphi_1 - \frac{\varphi_1 \sin\varphi_1}{2}\right)$$

M_0 im Punkt P infolge der drehenden Komponente

$$M_{od} = -\int_0^{\varphi_1} Z_3 (C + 1 - \cos\psi) \sin\psi\, d\psi = - Z_3 \left[(C + 1)(1 - \cos\varphi_1) - \frac{\sin^2\varphi_1}{2}\right]$$

zusammengefasst ergibt sich für M_0:

$$M_0 = Z_1 r (1 - \cos\varphi_1) - Z_2 r \left(1 - \cos\varphi_1 - \frac{\varphi_1 \sin\varphi_1}{2}\right) - Z_3 \left[(C + 1)(1 - \cos\varphi_1) - \frac{\sin^2\varphi_1}{2}\right] \qquad (91).$$

In gleicher Weise lauten die Beiträge zur Normalkraft N_0 im Punkt P:

$$N_{or} = \int_0^{\varphi_1} Z_1 \sin(\varphi_1 - \psi)\, d\psi = Z_1 (1 - \cos\varphi_1)$$

$$N_{ot} = \int_0^{\varphi_1} Z_2 \cos(\varphi_1 - \psi) \sin\psi\, d\psi = Z_2 \cdot \frac{\varphi_1 \sin\varphi_1}{2} \qquad (92)$$

wieder zusammengefasst, ergibt sich

$$N_o = Z_1 (1 - \cos\varphi_1) + Z_2 \frac{\varphi_1 \sin\varphi_1}{2} \tag{92}$$

und analog wie oben folgen die Beiträge zur Querkraft Q_o im Punkt P:

$$Q_{or} = \int_0^{\varphi_1} Z_1 \cos(\varphi_1 - \psi)\, d\psi = Z_1 \sin\varphi_1$$

$$Q_{ot} = -\int_0^{\varphi_1} Z_2 \sin(\varphi_1 - \psi) \sin\psi\, d\psi = -Z_2 \left(\frac{\sin\varphi_1}{2} - \frac{\varphi_1 \cos\varphi_1}{2}\right)$$

und daraus

$$Q_o = Z_1 \sin\varphi_1 - Z_2 \left(\frac{\sin\varphi_1}{2} - \frac{\varphi_1 \cos\varphi_1}{2}\right) \tag{93}$$

Wie vor ergibt sich für die radiale Dreieckslast mit den Bezeichnungen der Abb. 9b:
Beiträge zum Moment M_o im Punkt P:

$$M_{or} = \int_0^{\varphi_1} Z_1 \frac{r}{\varphi_{1K}} \psi \sin(\varphi_1 - \psi)\, d\psi = Z_1 \frac{r}{\varphi_{1K}} (\varphi_1 - \sin\varphi_1)$$

$$M_{ot} = -\int_0^{\varphi_1} Z_2 \frac{r}{\varphi_{1K}} \psi \sin(\varphi_o + \psi) \left[1 - \cos(\varphi_1 - \psi)\right] d\psi =$$

$$= -Z_2 \frac{r}{\varphi_{1K}} \left[\left(1 - \frac{\varphi_1^2}{4}\right) \sin\varphi - \frac{3}{4} \varphi_1 \cos\varphi - \frac{1}{4} \sin\varphi_1 \cos\varphi_o - \sin\varphi_o\right]$$

$$M_{od} = -\int_0^{\varphi_1} Z_3 \frac{1}{\varphi_{1K}} \left[C + 1 - \cos(\varphi_o + \psi)\right] \psi \sin(\varphi_o + \psi)\, d\psi =$$

$$= -Z_3 \frac{1}{\varphi_{1K}} \left[C (\sin\varphi - \varphi_1 \cos\varphi - \sin\varphi_o) + \sin\varphi - \varphi_1 \cos\varphi - \sin\varphi_o - \right.$$

$$\left. - \frac{\varphi_1}{2} \sin^2\varphi - \cos\varphi_o \sin\varphi_1 \frac{\cos\varphi}{2} + \frac{1}{4} (\varphi_1 + \sin\varphi_1 \cos\varphi_1)\right]$$

die Summierung liefert

$$M_o = Z_1 \frac{r}{\varphi_{1K}} (\varphi_1 - \sin\varphi_1) - Z_2 \frac{r}{\varphi_{1K}} \left[\left(1 - \frac{\varphi_1^2}{4}\right) \sin\varphi - \frac{3}{4} \varphi_1 \cos\varphi - \right.$$

$$\left. - \frac{1}{4} \sin\varphi_1 \cos\varphi_o - \sin\varphi_o\right] - Z_3 \frac{1}{\varphi_{1K}} \left[C (\sin\varphi - \varphi_1 \cos\varphi - \sin\varphi_o) + \sin\varphi - \right.$$

$$\left. - \varphi_1 \cos\varphi - \sin\varphi_o - \frac{\varphi_1}{2} \sin^2\varphi - \cos\varphi_o \sin\varphi_1 \frac{\cos\varphi}{2} + \frac{\varphi_1 + \sin\varphi_1 \cos\varphi_1}{4}\right] \tag{94}$$

Beiträge zur Normalkraft N_o im Punkt P:

$$N_{or} = \int_0^{\varphi_1} Z_1 \frac{1}{\varphi_{1K}} \psi \sin(\varphi_1 - \psi)\, d\psi = Z_1 \frac{1}{\varphi_{1K}} (\varphi_1 - \sin\varphi_1)$$

$$N_{ot} = \int_0^{\varphi_1} Z_2 \frac{1}{\varphi_{1K}} \psi \sin(\varphi_o + \psi) \cos(\varphi_1 - \psi)\, d\psi = Z_2 \frac{1}{\varphi_{1K}} (\frac{\varphi_1^2}{4} \sin\varphi +$$

$$+ \frac{1}{4} \sin\varphi_1 \cos\varphi_o - \frac{\varphi_1}{4} \cos\varphi)$$

zusammengefasst ergibt

$$N_o = Z_1 \frac{1}{\varphi_{1K}} (\varphi_1 - \sin\varphi_1) + Z_2 \frac{1}{\varphi_{1K}} (\frac{\varphi_1^2}{4} \sin\varphi + \frac{1}{4} \sin\varphi_1 \cos\varphi_o - \frac{\varphi_1}{4} \cos\varphi) \quad (95).$$

Beiträge zur Querkraft Q_o im Punkt P:

$$Q_{or} = \int_0^{\varphi_1} Z_1 \frac{1}{\varphi_{1K}} \psi \cos(\varphi_1 - \psi)\, d\psi = Z_1 \frac{1}{\varphi_{1K}} (1 - \cos\varphi_1)$$

$$Q_{ot} = -\int_0^{\varphi_1} Z_2 \frac{1}{\varphi_{1K}} \psi \sin(\varphi_o + \psi) \sin(\varphi_1 - \psi)\, d\psi = - Z_2 \frac{1}{\varphi_{1K}} (\frac{\varphi_1}{4} \sin\varphi -$$

$$- \frac{1}{4} \sin\varphi_1 \sin\varphi_o - \frac{\varphi_1^2}{4} \cos\varphi)$$

zusammengefasst liefert

$$Q_o = Z_1 \frac{1}{\varphi_{1K}} (1 - \cos\varphi_1) - Z_2 \frac{1}{\varphi_{1K}} (\frac{\varphi_1}{4} \sin\varphi - \frac{1}{4} \sin\varphi_1 \sin\varphi_o - \frac{\varphi_1^2}{4} \cos\varphi) \quad (96).$$

Für tangentiale und drehende Gleich- bzw. Dreieckslasten bleiben die im Abschnitt 3,1.1 angegebenen Formeln (siehe Tab. 2) gleich.

Die vorangeführten Gleichungen (91) bis (96) lassen sich nun, getrennt nach Gleich- bzw. Dreieckslasten, in übersichtlicher Form wie folgt allgemein anschreiben:

$$\left.\begin{aligned} M_o &= Z_1 \cdot r \cdot c_1 - Z_2 \cdot r \cdot c_2 - Z_3 \cdot (C \cdot c_3 + c_4) \\ N_o &= Z_1 \cdot c_1 + Z_2 \cdot c_5 \\ Q_o &= Z_1 \cdot c_6 - Z_2 \cdot c_7 \end{aligned}\right\} \quad (97).$$

Die Koeffizienten c_1 bis c_7 können für radiale Gleich- und Dreieckslasten, erstere sich über φ_K und letztere über $\varphi_1 = \varphi_K/4$, $\varphi_K/2$, $3\,\varphi_K/4$ bzw. φ_K erstreckend, aus den in Lit. 22 enthaltenen Tabellen entnommen werden, wodurch die Berechnung der Schnittkräfte sehr vereinfacht wird. Diese Tabellen geben die Koeffizientenwerte in den Achtelpunkten einer Bogenhälfte (für gerade Winkel φ_K zwischen 10° und 90°) an, wie sie zur Auflösung der in der Bogenberechnung vorkommenden Integrale nach Simpson benötigt werden, wenn die Achslinie einer Bogenhälfte in acht gleiche Teile geteilt wird.

3,1.2,4. Kreisbogen veränderlicher Stärke - Berechnungsverfahren des U.S. Bureau of Reclamation:

Zum Abschluss des Abschnittes kreisförmiger Bogen mit veränderlicher Stärke sei noch ein amerikanisches Verfahren angeführt, das besonders in Hauptberechnungen mit Vorteil angewendet werden kann (Lit. 2). Wenn es auch

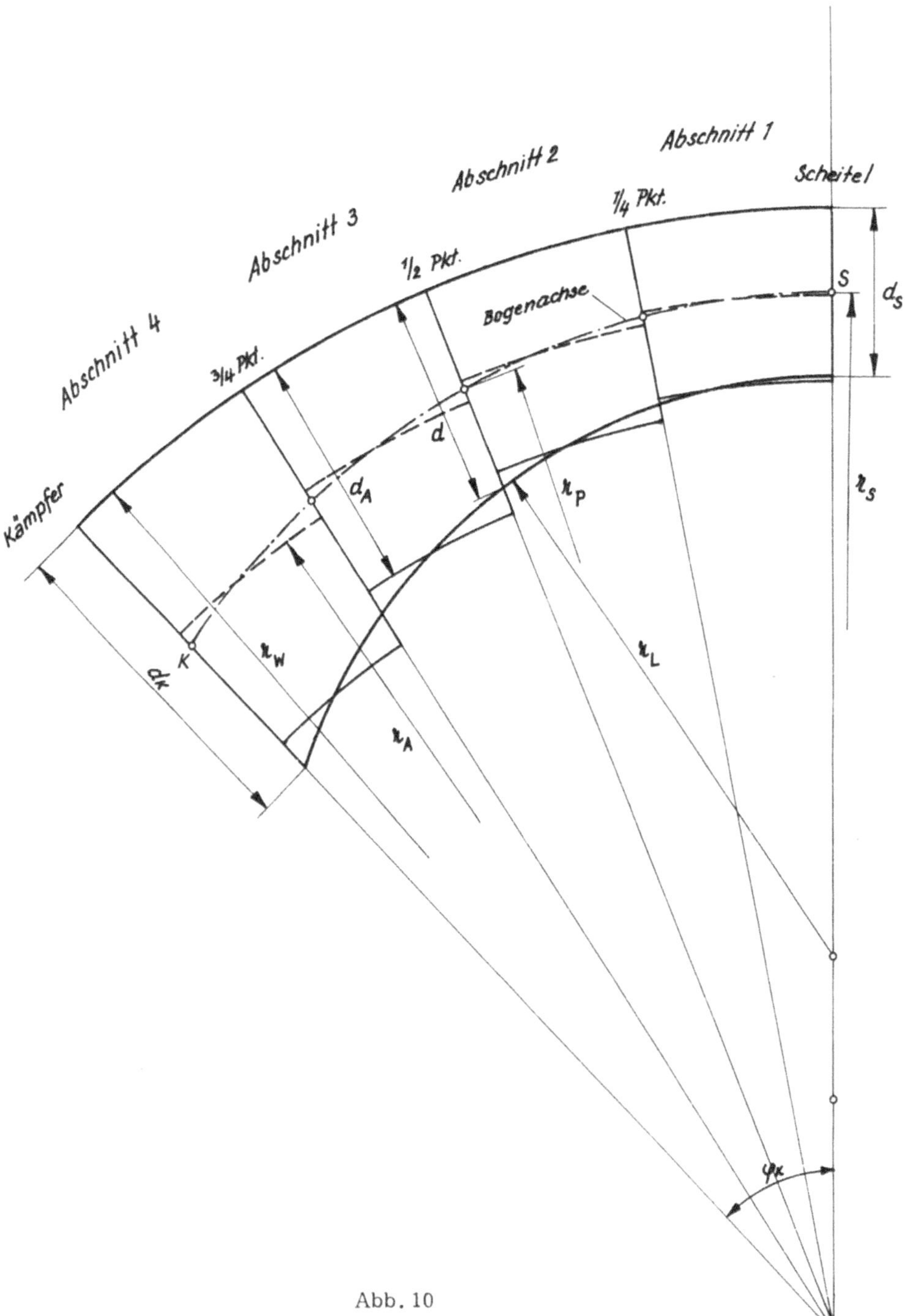
Abschnitt 1
Scheitel
Abschnitt 2
1/4 Pkt.
Abschnitt 3
1/2 Pkt.
S
Bogenachse
d_s
Abschnitt 4
3/4 Pkt.
d
d_A
r_P
r_s
Kämpfer
K
r_W
r_L
d_K
r_A
φ_x

Abb. 10

nur ein Näherungsverfahren ist, so können die nach diesem Verfahren ermittelten Rechenergebnisse dennoch als hinreichend genau bezeichnet werden, da es in Gegenüberstellung mit einer exakten Untersuchung - für einen Bogen, dessen Stärke dem Gesetz $d = d_S / \cos \varphi$ folgte - Abweichungen von bloss maximal 2 % zeigte. Der besondere Vorteil dieser Methode liegt darin, dass man zur Berechnung der Form- und Belastungszahlen die Tabellen, wie sie für Kreisbogen konstanter Stärke entwickelt wurden, verwenden kann (siehe Abschnitt 3, 1.1).

Man zerlegt den linken wie den rechten Bogenteil in je vier gleiche Abschnitte und ersetzt in jedem Abschnitt die veränderliche Stärke durch eine mittlere konstante Bogenstärke. Damit setzt sich der Bogen aus Kreisringabschnitten konstanter Stärke zusammen (siehe Abb. 10).

Im weiteren werden folgende Bezeichnungen eingeführt:

d	tatsächliche Bogenstärke (in radialer Richtung zum wasserseitigen Berandungskreis)
d_S	Bogenstärke im Scheitel
d_A	Bogenstärke eines Abschnittes
r_W	Aussenkreisradius
$r_S = r_W - d_S/2$....	Radius durch den Scheitelpunkt S
$r_P = r_W - d/2$......	Radius bis zur Bogenachse
$r_A = r_W - d_A/2$....	Radius bis zur mittleren Achse eines Abschnittes
$J_A = d_A^3/12$	Trägheitsmoment in einem Abschnitt
$e = r_P - r_A$	Exzentrizität eines Abschnittes in bezug auf einen Bogenpunkt (Viertelpunkt)
$e' = r_S - r_A$	Exzentrizität eines Abschnittes in bezug auf den Scheitelpunkt
$e_P = r_S - r_P$	Exzentrizität eines Bogenpunktes (Viertelpunkt) in bezug auf den Scheitelpunkt.

Da die Bogenstärke nur abschnittsweise konstant ist, können auch nur abschnittsweise die Integrale der Form- und Belastungszahlen aufgelöst werden. Die Endwerte ergeben sich dann aus der Summe der Einzelbeiträge der Abschnitte, wobei die Exzentrizitäten der Abschnittsachsen in bezug auf den Punkt, in welchem die Form- oder Belastungszahlen gesucht werden, entsprechend zu berücksichtigen sind. Wird z. B. die Formzahl δ_{11} für den Scheitelpunkt S gesucht, so setzt sich der Integralteil A_1 (siehe Gleichung (23)) aus folgenden Summanden zusammen:

$$A_1 = \frac{r_1}{E J_1}\left[A'_1 \left(\frac{1}{4} \text{Pkt.}\right) \right] + \frac{r_2}{E J_2}\left[A'_1 \left(\frac{1}{2} \text{Pkt.}\right) - A'_1 \left(\frac{1}{4} \text{Pkt.}\right) \right] +$$

$$+ \frac{r_3}{E J_3}\left[A'_1 \left(\frac{3}{4} \text{Pkt.}\right) - A'_1 \left(\frac{1}{2} \text{Pkt.}\right) \right] + \frac{r_4}{E J_4}\left[A'_1 (\text{K.}) - A'_1 \left(\frac{3}{4} \text{Pkt.}\right) \right],$$

worin die Indices 1 bis 4 die einzelnen Abschnitte bezeichnen (siehe Abb. 10) und die Angaben in den runden Klammern kennzeichnen, mit welchem Öffnungswinkel φ die A'_1 -Werte aus den weiter oben beschriebenen Tabellen (siehe Abschnitt 3, 1.1) zu entnehmen sind. Werden zur besseren Darstellung die Diffe-

renzen in den eckigen Klammern mit $\Delta A'_1$ gekennzeichnet, so folgt $A_1 = \Sigma \frac{r_A}{EJ_A} \Delta A'_1$
In ähnlicher Weise lassen sich die Integrale der anderen Formzahlen und auch der Belastungszahlen anschreiben und zwar wie folgt (vgl. Abschnitt 3,1.1):

a) Formzahlen:

$$A_1 = \Sigma \frac{r_A}{EJ_A} \Delta A'_1 \tag{98}$$

$$B_1 = \Sigma \frac{r_A^2}{EJ_A} \Delta B'_1 + \Sigma \frac{r_A}{EJ_A} \Delta A'_1 \, e \tag{99}$$

$$C_1 = \Sigma \frac{r_A^2}{EJ_A} \Delta C'_1 \tag{100}$$

$$B_2 = \Sigma \frac{r_A^3}{EJ_A} \Delta B'_{2I} + \Sigma \frac{r_A}{Ed_A} \Delta B'_{2II} + \Sigma \frac{r_A^2}{EJ_A} \Delta C'_1 \, e \tag{101}$$

$$C_2 = \Sigma \frac{r_A^3}{EJ_A} \Delta C'_{2I} + \Sigma \frac{r_A}{Ed_A} \Delta C'_{2II} \tag{102}$$

$$B_3 = \Sigma \frac{r_A^3}{EJ_A} \Delta B'_{3I} + \Sigma \frac{r_A}{Ed_A} \Delta B'_{3II} + \Sigma \frac{r_A}{EJ_A} \Delta A'_1 \, e^2 + 2\,\Sigma \frac{r_A^2}{EJ_A} \Delta B'_1 \, e \tag{103}$$

b) Belastungszahlen:

ba) Radiallasten: Sie wirken an der Wasserseite, sodass der Radius des wasserseitigen Berandungskreises r_W in die D-Werte eingeht.

$$\left.\begin{aligned} D_1 &= \Sigma \frac{r_W r_A^2}{EJ_A} \Delta D'_1 \\ D_2 &= \Sigma \frac{r_W r_A^3}{EJ_A} \Delta D'_{2I} + \Sigma \frac{r_W r_A}{Ed_A} \Delta D'_{2II} \\ D_3 &= \Sigma \frac{r_W r_A^3}{EJ_A} \Delta D'_{3I} + \Sigma \frac{r_W r_A}{Ed_A} \Delta D'_{3II} + \Sigma \frac{r_W r_A^2}{EJ_A} \Delta D'_1 \cdot e \end{aligned}\right\} \tag{104}$$

bb) Tangentiallasten: Zur Erleichterung der Berechnung wird angenommen, dass die Tangentiallasten entlang dem Bogen durch den Scheitelpunkt (r_S) - anstatt entlang der Bogenachse - wirken. Die daraus folgende Exzentrizität muss jedoch in der Berechnung der D-Werte berücksichtigt werden. Sie bewirkt, dass die Momente um den Betrag $N_0 . e'$ entsprechend zu vergrössern sind, wie in den nachstehenden Gleichungen zum Ausdruck kommt.

$$\left.\begin{aligned} D_1 &= \Sigma \frac{r_A^3}{EJ_A} \Delta D'_1 - \Sigma N_0 \, e' \frac{r_A}{EJ_A} \Delta A'_1 \\ D_2 &= \Sigma \frac{r_A^4}{EJ_A} \Delta D'_{2I} + \Sigma \frac{r_A^2}{Ed_A} \Delta D'_{2II} - \Sigma N_0 \, e' \frac{r_A^2}{EJ_A} \Delta C'_1 \\ D_3 &= \Sigma \frac{r_A^4}{EJ_A} \Delta D'_{3I} + \Sigma \frac{r_A^2}{Ed_A} \Delta D'_{3II} - \Sigma N_0 \, e' \frac{r_A}{EJ_A} \Delta A'_1 \, e - \\ &\quad - \Sigma N_0 \, e' \frac{r_A^2}{EJ_A} \Delta B'_1 + \Sigma \frac{r_A^3}{EJ_A} \Delta D'_1 \, e \end{aligned}\right\} \tag{105}$$

bc) Drehende Lasten: Obwohl auch die drehenden Lasten entlang der Bogenachse angreifen, werden zur Vereinfachung die Drehmomente entlang den Achskreisen der einzelnen Kreisringabschnitte (r_A) wirkend angenommen. Der damit verbundene Fehler ist vernachlässigbar klein, nachdem die Summe der Achskreislängen der Einzelabschnitte - $\Sigma\, r_A\, \varphi_A$ - nahezu gleich der tatsächlichen Bogenachslänge ist. Auch hier ist die Exzentrizität der Belastung inbezug auf die Bogenpunkte zu berücksichtigen, welche eine zusätzliche Tangentialverschiebung, wie im D_3-Wert zum Ausdruck kommt, bewirkt.

$$\left.\begin{aligned} D_1 &= \Sigma \frac{r_A^2}{EJ_A}\, \Delta D_1' \\ D_2 &= \Sigma \frac{r_A^3}{EJ_A}\, \Delta D_2' \\ D_3 &= \Sigma \frac{r_A^3}{EJ_A}\, \Delta D_3' + \Sigma \frac{r_A^2}{EJ_A}\, \Delta D_1'\, e \end{aligned}\right\} \qquad (106)$$

bd) Gleichmässige Temperaturänderung (Erwärmung positiv):

$$\left.\begin{aligned} D_1 &= 0 \\ D_2 &= -\alpha_t\, t\, y_K \\ D_3 &= \alpha_t\, t\, x_K \end{aligned}\right\} \qquad (107)$$

be) Ungleichmässige Temperaturänderung (positiv bei wärmerer Luftseite):

$$\left.\begin{aligned} D_1 &= -\alpha_t\, \Delta t\, \Sigma \frac{r_A}{d_A}\, \Delta A_1' \\ D_2 &= -\alpha_t\, \Delta t\, \Sigma \frac{r_A^2}{d_A}\, \Delta C_1' \\ D_3 &= -\alpha_t\, \Delta t \left[\Sigma \frac{r_A^2}{d_A}\, \Delta B_1' + \Sigma \frac{r_A}{d_A}\, \Delta A_1'\, e \right] \end{aligned}\right\} \qquad (108)$$

Gemäss der vorhin geschilderten Anbringung der einzelnen Lasttypen - Radiallasten am wasserseitigen Berandungskreis r_W, Tangentiallasten am Achskreis durch den Scheitelpunkt r_S und drehende Lasten an den Achskreisen der Teilabschnitte r_A - ergeben sich für die Schnittkräfte des statisch bestimmten Systems gegenüber den in Tabelle 2 (s. Abschnitt 3, 1. 1) angegebenen Formeln entsprechende Abänderungen. Es haben auch hier die gleichen Formeln wie dort (Tab. 2) Geltung, wenn beachtet wird, dass bei den Radiallasten an Stelle von r nun r_P und bei den tangentialen wie auch bei den drehenden Lasten r_S eingeführt wird und die Formeln für die Momente M_0 infolge tangentialer Gleich- bzw. Dreieckslasten durch den Summanden ($-N_0 . e_P$) ergänzt werden, um die Exzentrizität dieser Last in bezug auf die Bogenpunkte zu berücksichtigen.

Ebenso sind die Koordinatengleichungen etwas umzuformen. Diese lauten, wenn der Ursprung im Bogenscheitel liegt (zur Berechnung der statisch unbestimmten Grössen und der Schnittkräfte in verschiedenen Bogenpunkten),

$$x_S = r_P \,.\, \sin\varphi \qquad\qquad y_S = r_S - r_P \,.\, \cos\varphi$$

und, wenn der Ursprung in anderen Bogenpunkten liegt (zur Berechnung der Bogenverformungen in den Viertelpunkten nach den Gleichungen (37) bis (39)), nehmen die Gleichungen der Koordinaten des Bogenkämpfers die Form

$$x_K = r_K \cdot \sin\varphi_K$$

$$y_K = r_P - r_K \cdot \cos\varphi_K$$

an, worin r_K den Radius des Kämpferpunktes bedeutet.

3,2. Elliptischer Bogen:

Gegenüber dem Kreisbogen bietet der elliptisch geformte Bogen eine bessere Anpassung an die Stützlinie. Es werden bei diesem die Ausmittigkeiten der Bogenlängskräfte verkleinert, wodurch die in Kreisbogen auftretenden grossen Zugspannungen reduziert werden. Je nach der Orientierung der Hauptachsen der Ellipse sind zwei Fälle zu unterscheiden:

a) grosse Achse der Ellipse in Richtung der Talachse
b) grosse Achse der Ellipse quer zur Talachse liegend (wie in Abb.11 dargestellt).

Wie die Praxis mehrschnittiger statischer Berechnungen von Gewölbemauern (Hauptberechnungen) zeigt, werden die kronennahen Bogenlamellen im allgemeinen im Scheitelbereich stärker als im Bereich ihrer Kämpfer belastet; bei den Bogenlamellen der unteren Mauerzonen ist es gerade umgekehrt, d.h. dass hier die Kämpferbereiche einer grösseren Belastung als im Scheitel ausgesetzt sind (Lit.3, 4, 25). Es sei jedoch hervorgehoben, dass dies auch von der Talform, der Geologie der Sperrenstelle und den klimatischen Verhältnissen abhängt und daher nicht bei jeder Gewölbemauer unbedingt in dieser Form der Fall sein muss. So wird man bei Sperren in regelmässigen Talprofilen den Kronenbogen stets kreisförmig ausbilden können, zumal die aus der Lastaufteilung auf ihn entfallenden Lasten gewöhnlich nur kleine Werte besitzen und somit zu geringen Beanspruchungen führen. Ist jedoch das Talprofil derart geformt, dass ein oder beide Talhänge im oberen Sperrenbereich stark ausflachen, so ist es zweckmässig, die oberen Bogen nach o. a. Fall a elliptisch zu formen. Man kann aber auch statt dessen parabelförmige Bogen anordnen, oder einfacher auch Bogen, welche aus mehreren Kreisbogen zusammengesetzt sind - etwa durch einen mit kleinerem Radius im Mittelbereich und links wie rechts anschliessend je ein Kreisbogen mit grösserem Radius - oder weiters kann man auch einen Kreisbogen im Mittelbereich mit links und rechts anschliessenden tangentialen Verlängerungen vorsehen. Zur Berechnung vorgenannter Bogenformen können die in diesem Kapitel angegebenen Verfahren sinngemäss verwendet werden. Die nach dem o.a. Fall b gestalteten Bogen werden vor allem in den unteren Sperrenhorizonten anzuwenden sein, wo die Belastung vom Scheitel zu den Kämpfern hin zunimmt, deren statische Untersuchung weiter unten beschrieben wird.

3,2.1 Elliptischer Bogen konstanter Stärke:

Die beiden folgenden Unterabschnitte behandeln Bogen mit elliptischer Achse und konstant gehaltener Bogenstärke. Wenn man auch zur einfacheren geometrischen Gestaltung der gesamten Sperre und zur leichteren geodätischen Einmessung bei der Bauausführung die elliptischen Bogen vielleicht besser durch entsprechend angeordnete Korbbogen ersetzen wird, ist es jedoch besonders für statische Vorberechnungen erwünscht, geschlossene Gebrauchsformeln hiefür zur Verfügung zu haben. Solche lassen sich aber nur für eine nach einem einheitlichen Gesetz verlaufende Bogenachse aufstellen, was im ersten Unterabschnitt 3, 2. 1, 1 - unter Zugrundelegung der Ellipse als analytisches Gesetz des Achsverlaufes - ausgeführt wird. Zur Abrundung und Vervollständigung des Stoffes ist im zweiten Unterabschnitt 3, 2. 1, 2 die Berechnung von aus Korbbogen zusammengesetzten Bogenlamellen nach Lit. 2 wiedergegeben.

3,2.1,1. Gebrauchsformeln für statische Vorberechnungen:

Wie vorhin erwähnt, werden im folgenden für einen symmetrischen Bogen mit elliptischer Achse und konstantem Querschnitt alle in statischen Vorberechnungen von Gewölbemauern erforderlichen Ausdrücke entwickelt.

Zur Zusammenfassung verschiedener, aus den Integrationen folgenden Ausdrücke werden die nachstehenden Kurzbezeichnungen in den weiter unten abgeleiteten Gebrauchsformeln verwendet. Darin sind elliptische Integrale erster und zweiter Gattung, in der Legendre'schen Form mit $F(\vartheta, \varepsilon)$ und $E(\vartheta, \varepsilon)$ bezeichnet, enthalten, wobei $\varepsilon = \sin\alpha = \sqrt{a^2 - b^2}/a$ den Modul bedeutet.

$$
\left.
\begin{aligned}
J_1 &= E(\vartheta_K, \varepsilon) \\
J_2 &= \frac{1}{2}\left[\sin\vartheta_K \sqrt{1-\varepsilon^2\sin^2\vartheta_K} + \frac{1}{\varepsilon}\arccos\sqrt{1-\varepsilon^2\sin^2\vartheta_K}\right] \\
J_3 &= \frac{1}{3}\left[\sin\vartheta_K\cos\vartheta_K\sqrt{1-\varepsilon^2\sin^2\vartheta_K} - \frac{1-\varepsilon^2}{\varepsilon^2}F(\vartheta_K, \varepsilon) + \frac{1+\varepsilon^2}{\varepsilon^2}E(\vartheta_K, \varepsilon)\right] \\
J_4 &= -\frac{1-\varepsilon^2}{\varepsilon^2}F(\vartheta_K, \varepsilon) + \frac{1}{\varepsilon^2}E(\vartheta_K, \varepsilon) \\
J_5 &= -\frac{1}{3}\sin\vartheta_K\cos\vartheta_K\sqrt{1-\varepsilon^2\sin^2\vartheta_K} + \frac{1}{3}\cdot\frac{1-\varepsilon^2}{\varepsilon^2}F(\vartheta_K, \varepsilon) - \\
&\quad - \frac{1-2\varepsilon^2}{\varepsilon^2}\cdot\frac{1}{3}E(\vartheta_K, \varepsilon) \\
J_6 &= -\frac{1}{8}\,\frac{1}{\varepsilon^2}\left[\sin\vartheta_K(1-2\varepsilon^2\sin^2\vartheta_K)\sqrt{1-\varepsilon^2\sin^2\vartheta_K} - \right. \\
&\quad \left. - \frac{1}{\varepsilon}\arccos\sqrt{1-\varepsilon^2\sin^2\vartheta_K}\right] \\
J_7 &= \frac{1}{\varepsilon}\arccos\sqrt{1-\varepsilon^2\sin^2\vartheta_K} \\
J_8 &= -\frac{1}{2\varepsilon^2}\left[\sin\vartheta_K\sqrt{1-\varepsilon^2\sin^2\vartheta_K} - \frac{1}{\varepsilon}\arccos\sqrt{1-\varepsilon^2\sin^2\vartheta_K}\right] \\
J_9 &= \frac{1}{\varepsilon^2}\left[F(\vartheta_K, \varepsilon) - E(\vartheta_K, \varepsilon)\right] \\
J_{10} &= \frac{1}{2}\left[-\cos\vartheta_K\sqrt{1-\varepsilon^2\sin^2\vartheta_K} + 1 + \frac{1-\varepsilon^2}{\varepsilon}\ln\frac{\sqrt{1-\varepsilon^2\sin^2\vartheta_K} - \varepsilon\cos\vartheta_K}{1-\varepsilon}\right]
\end{aligned}
\right\} \quad (109)
$$

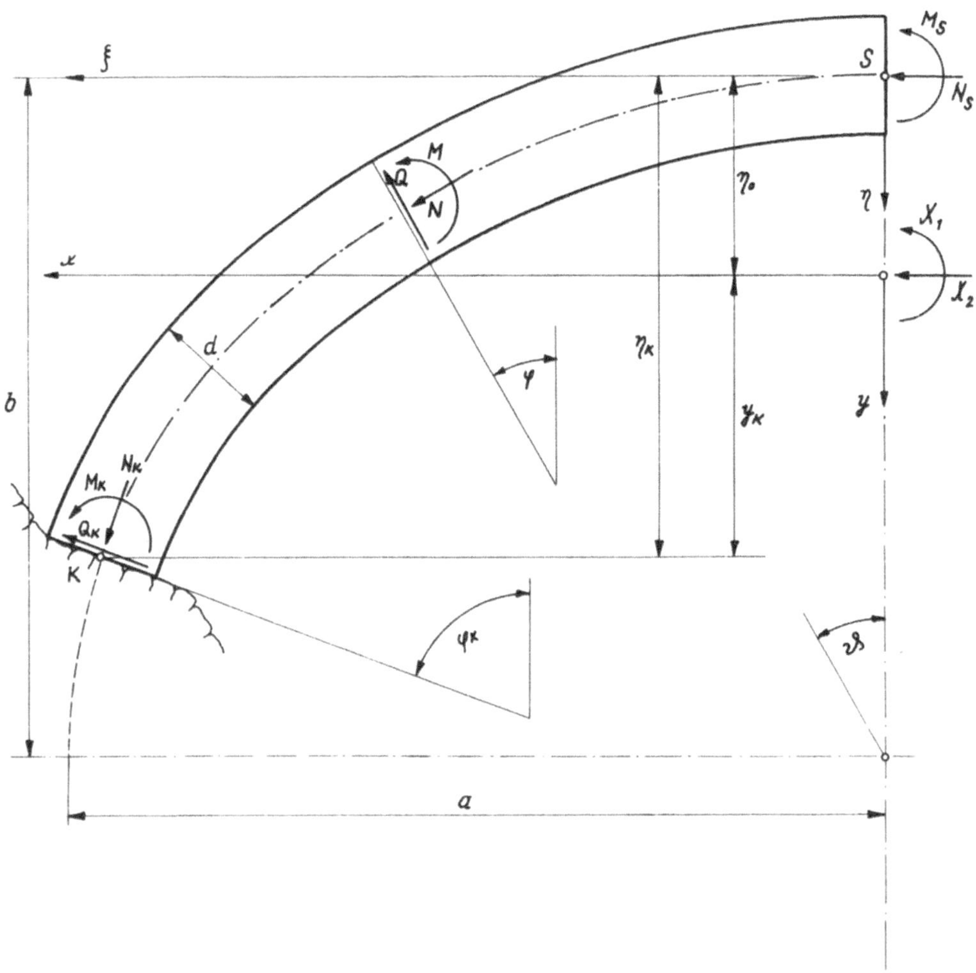

Abb. 11

$$\left.\begin{aligned}
J_{11} &= \frac{1}{3\,\varepsilon^2}\left[\,1-\sqrt{(1-\varepsilon^2\sin^2\vartheta_K)^3}\,\right]\\
J_{12} &= \frac{1}{\varepsilon^2}\left[\,1-\sqrt{1-\varepsilon^2\sin^2\vartheta_K}\,\right]\\
J_{13} &= \left(\frac{1-3\varepsilon^2}{8\,\varepsilon^2}-\frac{1}{4}\sin^2\vartheta_K\right)\cos\vartheta_K\sqrt{1-\varepsilon^2\sin^2\vartheta_K}-\frac{1-3\,\varepsilon^2}{8\,\varepsilon^2}+\\
&\quad+\frac{(1-\varepsilon^2)(1+3\,\varepsilon^2)}{8\,\varepsilon^3}\,.\,\ln\frac{\sqrt{1-\varepsilon^2\sin^2\vartheta_K}-\varepsilon\cos\vartheta_K}{1-\varepsilon}\\
J_{14} &= \frac{1}{\varepsilon}\,.\,\ln\frac{\sqrt{1-\varepsilon^2\sin^2\vartheta_K}-\varepsilon\cos\vartheta_K}{1-\varepsilon}\\
J_{15} &= 1-\cos\vartheta_K\\
J_{16} &= \frac{1}{2\,\varepsilon^2}\left[\,1-\cos\vartheta_K\sqrt{1-\varepsilon^2\sin^2\vartheta_K}-\right.\\
&\quad\left.-\frac{1-\varepsilon^2}{\varepsilon}\,.\,\ln\frac{\sqrt{1-\varepsilon^2\sin^2\vartheta_K}-\varepsilon\cos\vartheta_K}{1-\varepsilon}\right]
\end{aligned}\right\}\quad \text{Forts.(109)}$$

Die elliptischen Integrale erster und zweiter Gattung $F(\vartheta_K, \varepsilon)$ und $E(\vartheta_K, \varepsilon)$ werden am besten aus Tafelwerken entnommen.

Wie unter Abschnitt 3,1.2,1 werden die statisch unbestimmten Grössen im elastischen Schwerpunkt angebracht und alle Formänderungsgrössen auf diesen bezogen.

Im weiteren gilt durchwegs (vergl. Abb. 11):

$$\left.\begin{aligned}\xi &= x = a\,.\sin\vartheta\\ \eta &= b\,.\,(1-\cos\vartheta)\end{aligned}\right\}\quad \text{Gleichung der Ellipse in Parameterdarstellung} \qquad (110)$$

$$y = \eta - \eta_0$$

$$ds = a\,.\sqrt{1-\varepsilon^2\,.\,\sin^2\vartheta}\,.\,d\vartheta$$

$$\varepsilon = \text{numerische Exzentrizität der Ellipse} = \sin\alpha = \sqrt{a^2-b^2}/a$$

$$\lambda = d/b$$

$$\sin\varphi = \frac{b}{a}\,.\,\frac{\sin\vartheta}{\sqrt{1-\varepsilon^2\sin^2\vartheta}} \qquad \cos\varphi = \frac{\cos\vartheta}{\sqrt{1-\varepsilon^2\sin^2\vartheta}}$$

Werden ferner sämtliche Grössen auf einen Bogen, dessen kleine Achse $b = 1$ ist, bezogen (vgl. auch Lit. 23), so wird dadurch die Möglichkeit gegeben, für die in statischen Vorberechnungen notwendigen Ausdrücke (d. s. die Schnittkräfte im Scheitel und Kämpfer wie auch die radialen Scheitelausbiegungen zufolge radialer Gleichlast, gleichmässiger und ungleichmässiger Temperaturänderung) Tabellen oder Diagramme aufzustellen, in welchen - ähnlich den

Lieurance-Tafeln - die Werte ϑ_K (oder φ_K), d/b und α (oder a/b) als Variable aufscheinen. Es wird daher gesetzt

$$\frac{X_1}{b^2} \cdot b^2 \, \delta_{11} = \delta_{10} \qquad \text{und} \qquad \frac{X_2}{b} \cdot \delta_{22} = \frac{\delta_{20}}{b} \tag{111}$$

sodass mit

$$X_1' = \frac{X_1}{b^2}, \quad X_2' = \frac{X_2}{b}, \quad \delta_{11}' = b^2 \, \delta_{11}, \; \delta_{22}' = \delta_{22}, \; \delta_{10}' = \delta_{10} \quad \text{und} \; \delta_{20}' = \frac{\delta_{20}}{b} \tag{112}$$

folgt

$$X_1' \, \delta_{11}' = \delta_{10}' \qquad \text{und} \qquad X_2' \, \delta_{22}' = \delta_{20}' \tag{113}$$

Der elastische Schwerpunkt folgt mit den früher verwendeten Bezeichnungen analog Abschnitt 3,1.2,1 aus

$$\delta_{12} = \int_0^{s_K} \frac{y \, ds}{EJ} + \varepsilon_{11} \cdot y_K = 0$$

unter Berücksichtigung der oben angeführten Ellipsengleichung (Bogenachse) zu

$$\eta_0 = b \, \frac{12 \, (J_1 - J_2) + \lambda \, \mu \, k_1 \, \frac{b}{a} \, (1 - \cos \vartheta_K)}{12 \, J_1 + \lambda \, \mu \, k_1 \, \frac{b}{a}}$$

bzw. durch Festlegung nach dem Winkel ϑ mit $\cos \vartheta_0 = 1 - \eta_0/b$ zu

$$\cos \vartheta_0 = \frac{12 \, \frac{a}{b} \, J_2 + \lambda \, \mu \, k_1 \cos \vartheta_K}{12 \, \frac{a}{b} \, J_1 + \lambda \, \mu \, k_1} \tag{114}$$

Ferner lauten die Form= und Belastungszahlen (vgl. Abschnitt 3,1.2,1):

a) Formzahlen

$$\text{aus } \delta_{11} = \int_0^{s_K} \frac{ds}{EJ} + \varepsilon_{11} \qquad \delta_{11}' = \frac{1}{E \, \lambda^3} \left[12 \, \frac{a}{b} \, J_1 + \lambda \, \mu \, k_1 \right] \tag{115}$$

$$\text{aus } \delta_{22} = \int_0^{s_K} \frac{y^2 \, ds}{EJ} + \int_0^{s_K} \frac{\cos^2 \varphi \, ds}{EF} + 3 \int_0^{s_K} \frac{\sin^2 \varphi \, ds}{EF} + \varepsilon_{11} \cdot y_K^2 + \varepsilon_{22} \cdot \cos^2 \varphi_K + \varepsilon_{33} \cdot \sin^2 \varphi_K$$

$$\delta_{22}' = \frac{1}{E} \left\{ \frac{a}{b} \left[\frac{12}{\lambda^3} \, (J_1 \cdot \cos^2 \vartheta_0 - 2 \, J_2 \cos \vartheta_0 + J_3) + \frac{1}{\lambda} \, (3 \, J_1 - 2 \, J_4) \right] + \mu \left[\frac{k_1}{\lambda^2} \, (\cos \vartheta_0 - \cos \vartheta_K)^2 + k_2 + (k_3 - k_2) \sin^2 \varphi_K \right] \right\} \tag{116}$$

b) Belastungszahlen

ba) Radiale Gleichlast p:

Zuerst sind die Schnittkräfte des statisch bestimmten Systems zu ermitteln. Allgemein wird gesetzt

$$\left.\begin{aligned} M_o &= b^2 \,.\, M'_o \\ N_o &= b \,.\, N'_o \\ Q_o &= b \,.\, Q'_o \end{aligned}\right\} \qquad (117).$$

Bezeichnet r_W den wasserseitigen Krümmungsradius, φ_1 den Winkel eines zur Achse senkrecht geführten Schnittes in dem Punkt mit den Koordinaten x_1 und η_1, in welchem die Schnittkräfte gesucht werden, ferner ψ den Öffnungswinkel des laufenden Punktes mit den Koordinaten x und η (wieder der Winkel zwischen der Bogensymmetrale und der normal zur Bogenachse gelegten Schnittgerade) und beachtet man, dass $r_W = r + d/2$ ist, worin r der Krümmungsradius mit

$$r = \frac{a^2}{b} \sqrt{(1 - \varepsilon^2 \sin^2 \vartheta)^3} \qquad (118),$$

so ergibt sich nacheinander

aus

$$M_o = p \int_0^{\varphi_1} r_W \left[(\eta_1 - \eta) \sin \psi + (x_1 - x) \cos \psi \right] d\psi$$

$$M'_o = p \left[(1 + \frac{\lambda}{2}) (1 - \cos \vartheta_1) + \frac{1}{2} \operatorname{tg}^2 \alpha \sin^2 \vartheta_1 \right] \qquad (119),$$

aus

$$N_o = p \int_0^{\varphi_1} r_W \sin (\varphi_1 - \psi)\, d\psi$$

$$N'_o = p \left[\frac{\cos\varphi_1}{\cos\vartheta_1} - (1 + \frac{\lambda}{2}) \cos\varphi_1 + \frac{\lambda}{2} \right] \qquad (120)$$

und aus

$$Q_o = p \int_0^{\varphi_1} r_W \cos (\varphi_1 - \psi)\, d\psi$$

$$Q'_o = p \sin \varphi_1 \left[\operatorname{tg}^2 \alpha \,.\, \cos\vartheta_1 + (1 + \frac{\lambda}{2}) \right] \qquad (121).$$

Damit folgt für die Lastglieder der radialen Gleichlast

aus

$$\delta_{10} = \int_0^{s_K} \frac{M_o\, ds}{EJ} + M_{oK} \,.\, \varepsilon_{11}$$

$$\delta'_{10} = \frac{1}{E} \left\{ p \frac{12}{\lambda^3} \,.\, \frac{a}{b} \left[(1 + \frac{\lambda}{2}) (J_1 - J_2) + \frac{1}{2} \operatorname{tg}^2 \alpha \,.\, J_5 \right] + M'_{oK} \frac{\mu\, k_1}{\lambda^2} \right\} \qquad (122)$$

und aus

$$\delta_{20} = \int_0^{s_K} \frac{M_o\, y\, ds}{EJ} - \int_0^{s_K} \frac{N_o \cos\varphi\, ds}{EF} + 3 \int_0^{s_K} \frac{Q_o \sin\varphi\, ds}{EF} + M_{oK}\, \varepsilon_{11} y_K -$$

$$- N_{oK}\, \varepsilon_{22} \cos\varphi_K + Q_{oK}\, \varepsilon_{33} \sin\varphi_K$$

$$\delta'_{20} = \frac{1}{E}\left\{ p\,\frac{a}{b}\left[\left[\frac{12}{\lambda^3}\left\langle \cos\vartheta_o \left[(1+\frac{\lambda}{2})(J_1 - J_2) + \frac{1}{2}tg^2\alpha\,.\,J_5\right] - \right.\right.\right.\right.$$

$$\left. - (1+\frac{\lambda}{2})(J_2 - J_3) - \frac{1}{2}\,tg^2\alpha\,J_6 \right\rangle + \frac{1}{\lambda}\left\langle 3\left[\varepsilon^2\,.\,J_8 + (\frac{b}{a})^2\,(1+\frac{\lambda}{2})\,J_9\right] + \right.$$

$$\left.\left. + (1+\frac{\lambda}{2})\,J_4 - \frac{\lambda}{2}\,\sin\vartheta_K - J_7\right\rangle\right]\right] + \mu\left[M'_{oK}\,(\cos\vartheta_o - \cos\vartheta_K)\,\frac{k_1}{\lambda^2} - \right.$$

$$\left.\left. - N'_{oK}\;k_2\cos\varphi_K + Q'_{oK}\;k_3\sin\varphi_K\right]\right\} \qquad (123).$$

bb) Gleichmässige Temperaturänderung t (Erwärmung positiv):

$$\delta'_{10} = 0\;,\quad \text{aus}\;\delta_{20} = \int_0^{s_K} \alpha_t\,t\,\cos\varphi\,ds \qquad \delta'_{20} = \alpha_t\,t\,\frac{a}{b}\,\sin\vartheta_K \qquad (124)$$

bc) Ungleichmässige Temperaturänderung Δt (positiv bei wärmerer Luftseite):

aus

$$\delta_{10} = -\int_0^{s_K}\frac{\alpha_t\,\Delta t\,ds}{d} \qquad \delta'_{10} = -\,\frac{\alpha_t\,\Delta t}{\lambda}\,.\,\frac{a}{b}\,.\,J_1 \qquad (125)$$

und aus

$$\delta_{20} = -\int_0^{s_K}\frac{\alpha_t\,\Delta t\,y\,ds}{d} \qquad \delta'_{20} = -\,\frac{\alpha_t\,\Delta t}{\lambda}\,.\,\frac{a}{b}\,(J_1\,\cos\vartheta_o - J_2) \qquad (126).$$

Nun können die statisch unbestimmten Grössen aus den Gleichungen (113) berechnet und weiters die Schnittkräfte ermittelt werden, die allgemein wie folgt lauten:

$$\left.\begin{aligned} M &= b^2\,.\,M' && \text{mit } M' = X'_1 + X'_2\,.\,(\cos\vartheta_o - \cos\vartheta) - M'_o \\ N &= b\,.\,M' && \text{mit } N' = X'_2\,.\,\cos\varphi + N'_o \\ Q &= b\,.\,Q' && \text{mit } Q' = X'_2\,.\,\sin\varphi - Q'_o \end{aligned}\right\} \qquad (127)$$

im einzelnen ergibt sich für den Scheitel

$$\left.\begin{aligned} M'_S &= X'_1 - X'_2\,.\,(1 - \cos\vartheta_o) \\ N'_S &= X'_2 \\ Q'_S &= O \end{aligned}\right\} \qquad (128)$$

und für den Kämpfer

$$\left.\begin{aligned} M'_K &= X'_1 + X'_2\,.\,(\cos\vartheta_o - \cos\vartheta_K) - M'_{oK} \\ N'_K &= X'_2\,.\,\cos\varphi_K + N'_{oK} \\ Q'_K &= X'_2\,.\,\sin\varphi_K - Q'_{oK} \end{aligned}\right\} \qquad (129).$$

c) Radialverschiebungen des Bogenscheitels:

Nach Berechnung der Schnittkräfte können die in Vorberechnungen erforderlichen radialen Scheitelausbiegungen δ_S (flussaufwärts wieder positiv) ermittelt werden. Diese setzen sich aus folgenden Summanden (Einzelbeiträgen) zusammen.

$$\delta_S = \delta_{(x_1)} \cdot X_1 + \delta_{(x_2)} \cdot X_2 + \delta_{(0)} + \delta_{(K)}$$

bzw. folgen sie aus

$$\delta_S = b \cdot \delta_S' \text{ mit } \delta_S' = \delta_{(x_1)}' \cdot X_1' + \delta_{(x_2)}' X_2' + \delta_{(0)}' + \delta_{(K)}' \tag{130}$$

worin

$\delta'_{(x_1)}$ u. $\delta'_{(x_2)}$ ... radiale Scheitelverschiebungen infolge der statisch unbestimmten Grössen $X_1' = 1$ und $X_2' = 1$ (ohne Kämpferverformungen),

$\delta'_{(0)}$ .... radiale Scheitelverschiebungen infolge der Bogenverformungen (ohne Kämpferverformungen) durch die am statisch bestimmten Grundsystem wirkende Belastung (Radiallast bzw. Temperaturänderungen) und

$\delta_{(K)}$ .... radiale Scheitelverschiebung infolge der Kämpferverformungen

bedeuten.

ca) Berechnung von $\delta'_{(x_1)}$:

aus

$$\delta_{(x_1)} = \int_0^{s_K} \frac{x\,ds}{EJ} \qquad \delta'_{(x_1)} = \frac{1}{E} \cdot \frac{12}{\lambda^3} \left(\frac{a}{b}\right)^2 \cdot J_{10} \tag{131}$$

cb) Berechnung von $\delta'_{(x_2)}$:

aus

$$\delta_{(x_2)} = \int_0^{s_K} \frac{x\,y\,ds}{EJ} - \int_0^{s_K} \frac{\sin\varphi \cos\varphi\,ds}{EF} + 3\int_0^{s_K} \frac{\sin\varphi\cos\varphi\,ds}{EF}$$

$$\delta'_{(x_2)} = \frac{1}{E}\left\{\frac{12}{\lambda^3}\left(\frac{a}{b}\right)^2 \left[J_{10} \cdot \cos\vartheta_0 - J_{11}\right] + \frac{2}{\lambda} \cdot J_{12}\right\} \tag{132}$$

cc) Berechnung von $\delta'_{(0)}$:

cca) Radiale Gleichlast p:

aus

$$\delta_{(p)} = -\left[\int_0^{s_K} \frac{M_0\,x\,ds}{EJ} + \int_0^{s_K} \frac{N_0 \sin\varphi\,ds}{EF} + 3\int_0^{s_K} \frac{Q_0 \cos\varphi\,ds}{EF}\right]$$

$$\delta'_{(p)} = -\frac{p}{E}\left\{\frac{12}{\lambda^3}\left(\frac{a}{b}\right)^2 \left[(1 + \frac{\lambda}{2})(J_{10} - J_{11}) + \frac{1}{2}\,tg^2\alpha \cdot J_{13}\right] + \frac{1}{\lambda}\left[J_{14} + \frac{\lambda}{2} J_{15} + \right.\right.$$

$$\left.\left. + 3\,tg^2\alpha \cdot J_{16} + 2\,(1 + \frac{\lambda}{2})\,J_{12}\right]\right\} \tag{133}$$

ccb) Gleichmässige Temperaturänderung t:

aus

$$\delta_{(t)} = \int_0^{s_K} \alpha_t\, t \sin\varphi\,ds \qquad \delta'_{(t)} = \alpha_t\, t\,(1 - \cos\vartheta_K) \tag{134}$$

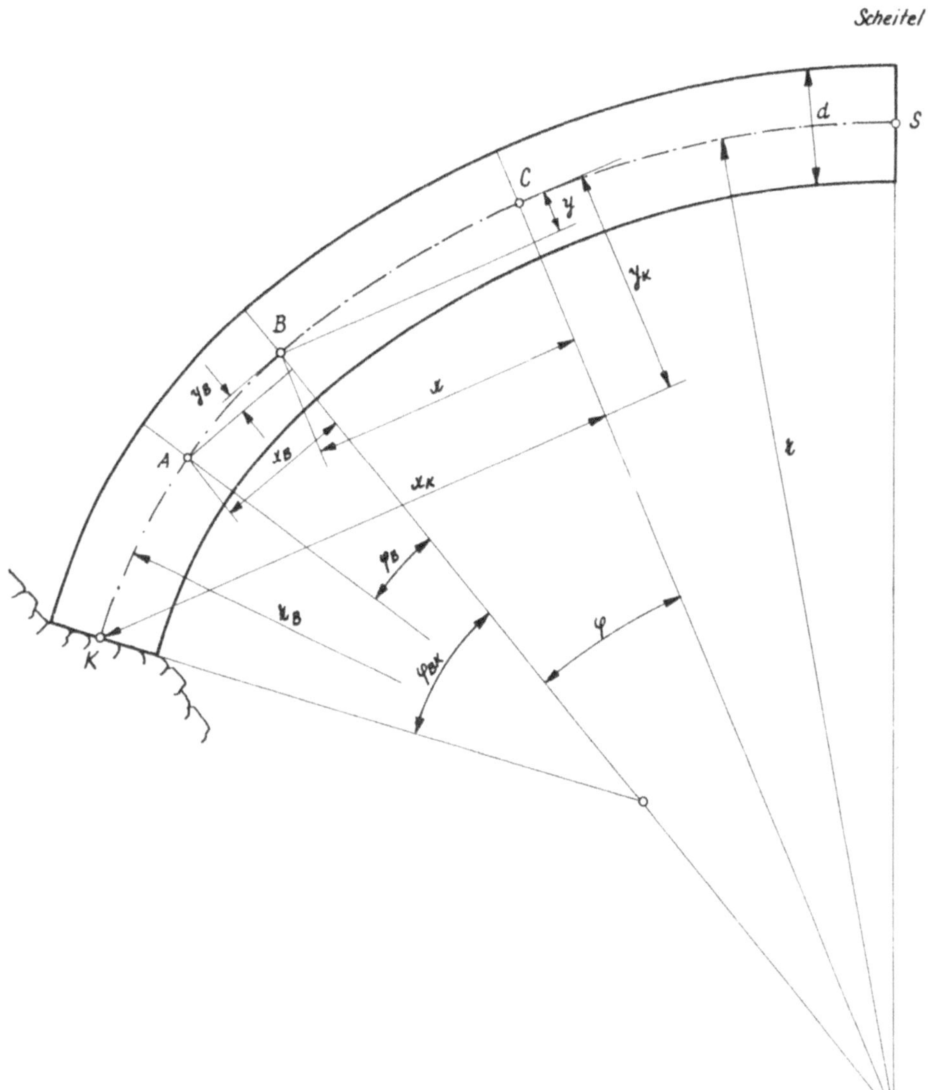
Scheitel
d
S
C
y
B
y_K
y_B
x
x_B
A
x_K
r
φ_B
r_B
φ
φ_{BK}
K

ccc) Ungleichmässige Temperaturänderung Δt:
aus

$$\delta_{(\Delta t)} = \int_0^{s_K} \frac{\alpha_t \, \Delta t \, x \, ds}{d} \qquad \delta'_{(\Delta t)} = \frac{\alpha_t \, \Delta t}{\lambda} \left(\frac{a}{b}\right)^2 J_{10} \tag{135}$$

cd) Berechnung von $\delta'_{(K)}$:
aus

$$\delta_{(K)} = M_K \, . \, \varepsilon_{11} \, x_K - N_K \, . \, \varepsilon_{22} \, . \sin\varphi_K + Q_K \, . \, \varepsilon_{33} \, . \, \cos\varphi_K$$

$$\delta'_{(K)} = \mu \left[M'_K \frac{k_1}{\lambda^2} \, . \, \frac{a}{b} \, \sin\vartheta_K - N'_K \, . \, k_2 \, . \, \sin\varphi_K + Q'_K \, . \, k_3 \, . \, \cos\varphi_K \right] \tag{136}$$

3,2.1,2. Durch Korbbogen angenäherter elliptischer Bogen konstanter Stärke:

Wie aus dem vorigen Abschnitt hervorgeht, ist eine Erweiterung der exakten Berechnung elliptischer Bogen durch Berücksichtigung radialer Dreieckslasten und eventuell auch tangentialer und drehender Gleich- und Dreieckslasten, wie sie für Hauptberechnungen von Gewölbemauern erforderlich sind, nicht mehr ratsam, da die einzelnen mathematischen Formulierungen und Integrationen sehr umfangreich und umständlich werden. Es werden daher die im vorigen Abschnitt gegebenen Gebrauchsformeln auf die Verwendung in statischen Vorberechnungen zu Entwurfszwecken beschränkt bleiben.

Für statische Hauptberechnungen kann man zur Vereinfachung den elliptisch geformten Bogen durch Korbbogen - es genügen im allgemeinen zwei Kreisbogen - annähern. Auf diese Weise können für Bogenlamellen, welche gemäss Abb. 12 aus Korbbogen zusammengesetzt sind und keineswegs symmetrisch ausgebildet sein müssen, wieder die unter Abschnitt 3,1.1 genannten amerikanischen Tabellen zur Berechnung der Form- und Belastungszahlen verwendet werden (Lit. 2). Es ist nur zu beachten, dass für Bogenpunkte C im Bereich B bis S die Form- und Belastungszahlen des Punktes B (Bogenteil K - B) entsprechend zu berücksichtigen sind; d.h. dass den Verformungen in Punkt C des Bogenteiles B - C die Verformungen des Bogenteiles K-B zu überlagern sind.

Wenn mit dem Zeiger B jene Werte des Abschnittes K-B für den Punkt B und mit dem Zeiger C jene Werte des Abschnittes B-C für den Punkt C bezeichnet werden und φ den Winkel zwischen den Punkten B und C, ferner x und y die Koordinaten des Punktes B in bezug auf den Punkt C darstellen und wenn M_0^B, N_0^B und Q_0^B die Schnittkräfte des statisch bestimmten Systems im Punkt B zufolge äusserer Lasten im Bereich B-C bedeuten, so ergibt sich im einzelnen für die Integrale der Formzahlen im Punkt C des Gesamtabschnittes K-C (vgl. auch Abschn. 3,1.1)

$$\left.\begin{aligned}
A_1 &= A_1^B + A_1^C \\
B_1 &= A_1^B \, y + B_1^B \cos\varphi + C_1^B \sin\varphi + B_1^C \\
C_1 &= A_1^B \, x - B_1^B \sin\varphi + C_1^B \cos\varphi + C_1^C \\
B_2 &= (A_1^B \, y + B_1^B \cos\varphi + C_1^B \sin\varphi) \, x + (C_1^B \cos\varphi - B_1^B \sin\varphi) \, y +
\end{aligned}\right\} \tag{137}$$

$$+ B_2^B (\cos^2\varphi - \sin^2\varphi) + (C_2^B - B_3^B) \sin\varphi\cos\varphi + B_2^C$$

$$C_2 = (A_1^B x - 2 B_1^B \sin\varphi + 2 C_1^B \cos\varphi) x - 2 B_1^B \sin\varphi\cos\varphi + B_3^B \sin^2\varphi +$$

$$+ C_2^B \cos^2\varphi + C_2^C \qquad \text{Forts. (137)}$$

$$B_3 = (A_1^B y + 2 B_1^B \cos\varphi + 2 C_1^B \sin\varphi) y + 2 B_2^B \sin\varphi\cos\varphi + B_3^B \cos^2\varphi +$$

$$+ C_2^B \sin^2\varphi + B_3^C$$

und für die Integrale der Belastungszahlen im Punkt C des Gesamtabschnittes K-C

$$D_1 = A_1^B M_0^B - B_1^B N_0^B + C_1^B Q_0^B + D_1^B + D_1^C$$

$$D_2 = (A_1^B x - B_1^B \sin\varphi + C_1^B \cos\varphi) M_0^B - (B_1^B x - B_3^B \sin\varphi + B_2^B \cos\varphi) N_0^B +$$

$$+ (C_1^B x - B_2^B \sin\varphi + C_2^B \cos\varphi) Q_0^B + (D_1^B x + D_2^B \cos\varphi - D_3^B \sin\varphi) + D_2^C \qquad (138).$$

$$D_3 = (A_1^B y + B_1^B \cos\varphi + C_1^B \sin\varphi) M_0^B - (B_1^B y + B_3^B \cos\varphi + B_2^B \sin\varphi) N_0^B +$$

$$+ (C_1^B y + B_2^B \cos\varphi + C_2^B \sin\varphi) Q_0^B + (D_1^B y + D_2^B \sin\varphi + D_3^B \cos\varphi) + D_3^C$$

Eine weitere Änderung gegenüber Bogen mit kreisförmiger Achse nach Abschnitt 3,1.1 ist in den Koordinatengleichungen vorzunehmen. Mit den aus der Abb. 12 ersichtlichen Bezeichnungen gilt allgemein für die Koordinaten des Punktes A in bezug auf den Punkt C

$$x = r_B \,.\, \sin(\varphi + \varphi_B) + (r - r_B) \,.\, \sin\varphi \qquad (139)$$

$$y = r - r_B \,.\, \cos(\varphi + \varphi_B) - (r - r_B) \,.\, \cos\varphi \qquad (140).$$

Ferner lauten die Schnittkräfte des statisch bestimmten Systems für den im Bereich K-B liegenden Punkt A

$$\left.\begin{aligned} M_0 &= M_0^A + M_0^B - N_0^B y_B + Q_0^B x_B \\ N_0 &= N_0^A + N_0^B \cos\varphi_B + Q_0^B \sin\varphi_B \\ Q_0 &= Q_0^A - N_0^B \sin\varphi_B + Q_0^B \cos\varphi_B \end{aligned}\right\} \qquad (141),$$

wobei M_0^A, N_0^A und Q_0^A die Schnittkräfte infolge äusserer Lasten im Bereich A-B, ferner M_0^B, N_0^B und Q_0^B die Schnittkräfte infolge äusserer Lasten im Bereich B-C und x_B, y_B bzw. φ_B die Koordinaten bzw. den Öffnungswinkel des Punktes A in bezug auf den Punkt B bedeuten.

3,2.2 Elliptischer Bogen veränderlicher Stärke:

Wird es zur weiteren Verminderung der Scheitel- und Kämpferspannungen erforderlich, die Bogenstärke vom Scheitel zu den Kämpfern stetig anwachsen zu lassen, so ist es vorteilhafter, den elliptischen Bogen durch Korbbogen, etwa wie in Abb. 13 dargestellt, zu ersetzen. In der Berechnung solch geformter Bogen lassen sich wieder die schon mehrmals erwähnten amerikanischen Tabellen verwenden (Lit. 2), wenn der Bogen näherungsweise in mehrere Kreisringabschnitte konstanter Stärke unterteilt wird. Für den aus Abb. 13 ersichtlichen Bogen genügt es, den Bogenteil K-B durch zwei und den Bogenteil B-S durch vier Kreisringabschnitte - ähnlich wie bei Kreisbogen veränderlicher Stärke - zu ersetzen. Die Berechnung der Integrale der Form- und Belastungszahlen kann dann nach den in den Abschnitten 3,1.2,4 und 3,2.1,2 angegebenen Formeln erfolgen u.zw. für die Bogenabschnitte K-B bzw. B-S nach den Gleichungen (98) bis (108) und für das Zusammenwirken dieser beiden Abschnitte nach den Gleichungsgruppen (137) und (138).

Die Schnittkräfte M_0, N_0 und Q_0 der Teilbereiche K-B und B-S werden in gleicher Weise, wie im Abschnitt 3,1.2,4 dargelegt, erhalten und jene im Punkt A infolge äusserer Lasten zwischen Punkt A und C können aus den Gleichungen (141) des Abschnittes 3,2.1,2 gewonnen werden. Eine Änderung erfahren nur die Koordinatengleichungen, die hier die Form

$$x = r_{PB} \cdot \sin(\varphi + \varphi_B) + (r_W - r_{WB}) \cdot \sin\varphi \qquad (142)$$

$$y = r_P - r_{PB} \cdot \cos(\varphi + \varphi_B) - (r_W - r_{WB}) \cdot \cos\varphi \qquad (143)$$

annehmen, worin

$r_P = r_W - d_C/2$ und $r_{PB} = r_{WB} - d_A/2$

(d_A bzw. d_C ist die Bogenstärke im Punkt A bzw. C) zu setzen ist (siehe auch Abb. 13).

3,3. Zahlenbeispiele:

Zur Verdeutlichung der Spannungsverminderung, besonders der Zugspannungen, vermittels verschiedener Formgebung einer Bogenlamelle seien als Abschluss dieses Kapitels noch einige Zahlenbeispiele angegeben. Es werden für folgende drei symmetrische Bogenformen die Spannungen im Scheitel und Kämpfer ausgewiesen und gegenübergestellt:

a) Kreisbogen konstanter Stärke
b) Kreisbogen veränderlicher Stärke
c) elliptischer Bogen konstanter Stärke

Dabei gelte für alle drei Bogenformen:

Modulverhältnis Beton zu Fels $E : E_F = \mu = 1$

Koeffizienten der Felsverformungen $k_1 = 5,075$

$k_2 = 1,556$

$k_3 = 1,785$

Scheitelstärke $d_S = 19,5$ m
Bogenbelastung (der aus einer Lastaufteilung auf den Bogen entfallende Wasserdruck):
radiale Gleichlast $p = 20\ t/m^2$.

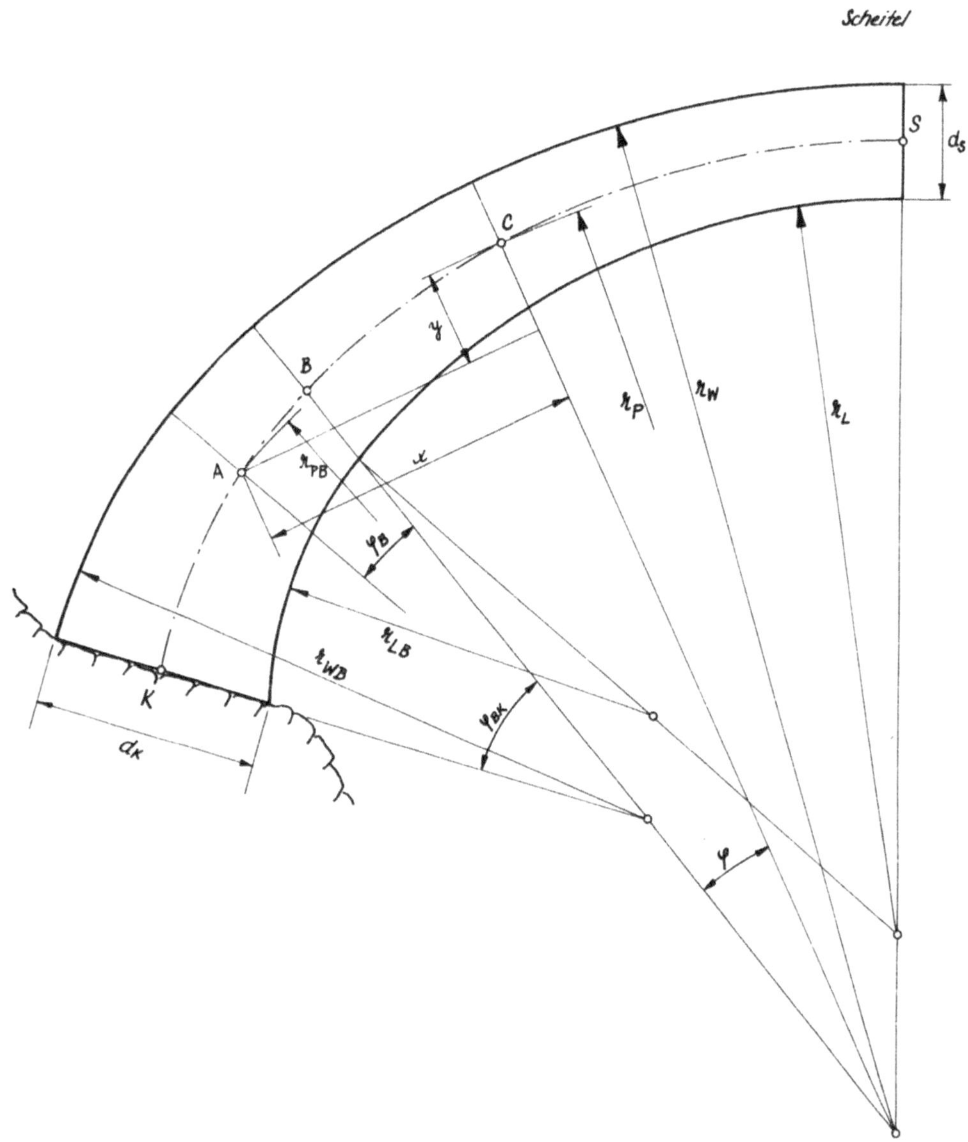

Abb. 13

a) K r e i s b o g e n   k o n s t a n t e r   S t ä r k e:

Gemäss Abb. 14a (strichliert eingezeichnet) besitze der Bogen folgende Abmessungen:

$d = 19{,}5$ m, Achsradius $r = 130$ m, $\varphi_K = 25^o$

Die Berechnung erfolgt am einfachsten nach den bekannten Lieurance-Tabellen (Lit. 16). Aus diesen können für die Verhältniszahl $d : r = 0{,}150$, für den halben Öffnungswinkel $\varphi_K = 25^o$ und für $p = 1$ t/m² zur Ermittlung der Scheitelschnittkräfte die Koeffizienten $h = 0{,}412$ und $m = 0{,}0244$ entnommen werden. Damit ergibt sich

$N_S = r \,.\, h = 130 \,.\, 0{,}412 = 53{,}5$ to

$M_S = r^2 \,.\, m = 130^2 \,.\, 0{,}0244 = 413$ tm

In gleicher Weise folgt mit den aus den Tabellen entnommenen Koeffizienten für den Bogenkämpfer $h = 0{,}47$, $m = -0{,}0336$ und $v = -0{,}2655$

$N_K = r \,.\, h = 130 \,.\, 0{,}47 = 61{,}1$ to

$M_K = r^2 \,.\, m = -130^2 \,.\, 0{,}0336 = -568$ tm

$Q_K = r \,.\, v = -130 \,.\, 0{,}2655 = -34{,}5$ to.

Mit der gegebenen Bogenbelastung $p = 20$ t/m² lauten nun die Schnittkräfte

im Scheitel $N_S = 1070$ to $\quad M_S = 8260$ tm

im Kämpfer $N_K = 1222$ to $\quad M_K = -11360$ tm $\quad Q_K = -690$ to

und mit der Querschnittsfläche $F = 19{,}5$ m² und dem Widerstandsmoment $W = 63{,}4$ m³ folgen die Randnormalspannungen

im Scheitel $\sigma_S = 1070/19{,}5 \pm 8260/63{,}4$

an der Wasserseite $\sigma_{SW} = + 18{,}5$ kg/cm²

an der Luftseite $\sigma_{SL} = - \; 7{,}6$ kg/cm²

im Kämpfer $\sigma_K = 1222/19{,}5 \mp 11360/63{,}4$

an der Wasserseite $\sigma_{KW} = -11{,}7$ kg/cm²

an der Luftseite $\sigma_{KL} = +24{,}2$ kg/cm².

b) K r e i s b o g e n   v e r ä n d e r l i c h e r   S t ä r k e:

Der unter a) angeführte Bogen wird zur Verminderung der hohen Zugspannungen an der Luftseite so verstärkt, dass die Bogenstärke d vom Scheitel (mit $d_S = 19{,}5$ m) zu den Kämpfern eine stetige Zunahme bis auf $d_K = 24{,}6$ m erfährt. Hiebei wird der Achsradius auf $r = 110$ m verkleinert und der halbe Zentriwinkel auf $\varphi_K = 30^o$ vergrössert (s. Abb. 14a). Die Berechnung wird nach den im Abschnitt 3, 1. 2, 1 angegebenen Gebrauchsformeln mit Hilfe der im Anhang (Abschn. 5) zusammengestellten Kurventafeln durchgeführt.

Mit $d_S/d_K = 0{,}793$ und $\varphi_K = 30^o$ ist aus Tafel 1 der Faktor $a = 1{,}25$ zu entnehmen. Aus Tafel 5 kann dann $H_0 = 0{,}167$ und aus Tafel 4 der Wert $C' = 1{,}705$ abgelesen werden, womit die Lage des elastischen Schwerpunktes nach Gleichung (57) folgt

$\cos \alpha = 0{,}866 + 0{,}167/1{,}896 = 0{,}954$

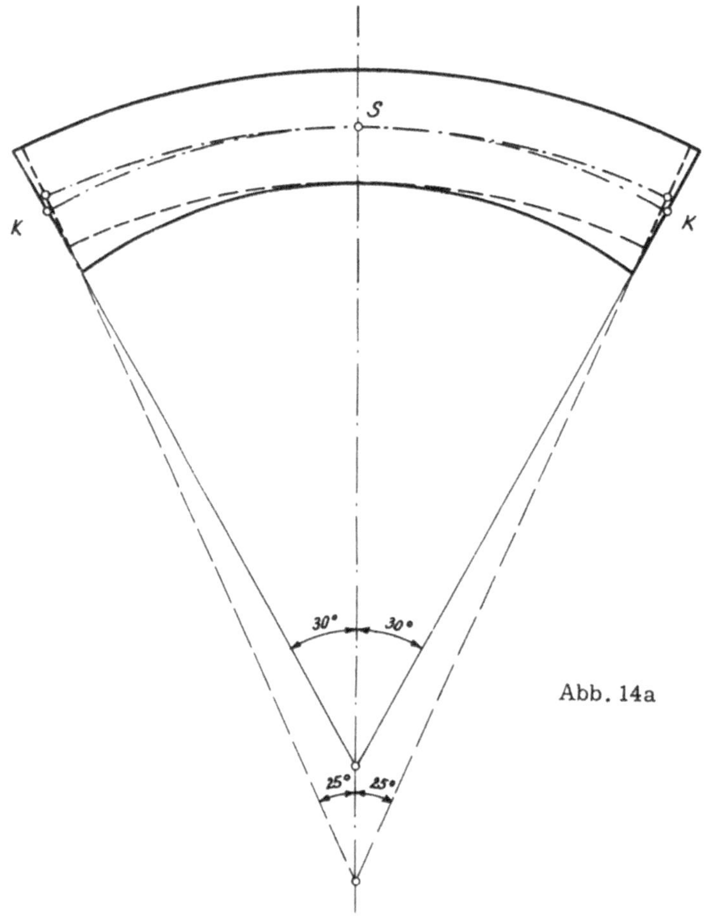

Abb. 14a

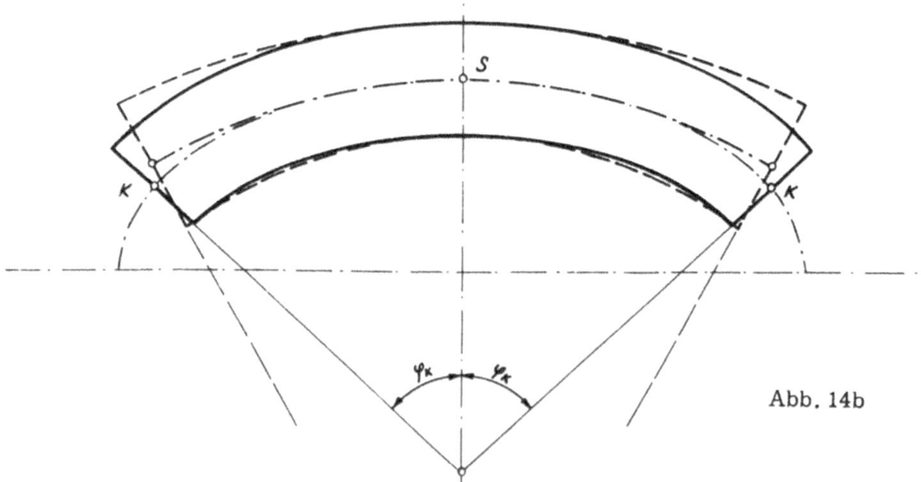

Abb. 14b

und mit $H_1 = 0{,}0025$ aus Tafel 9 und $(F' + 3\,J') = 1{,}13$ aus Tafel 7 ergibt sich nach Gleichung (59) die E-fache Formzahl zu

$E\,.\,\delta_{22} = 1{,}33 + 3{,}20 + 2{,}40 = 6{,}93.$

Die mittlere Bogenstärke d_m folgt mit $f = 1{,}08$ aus Tafel 2 zu

$d_m = 19{,}5\,.\,1{,}08 = 21{,}1$ m

und weiters die auf die Bogenachse bezogene Radiallast nach Gleichung (63)

$p' = 1 + 21{,}1/220 = 1{,}096\ t/m^2$,

wenn vorerst wieder $p = 1\ t/m^2$ gesetzt wird.

Sodann berechnet man mit $K'/2 = 0{,}466$ (aus Tafel 14) die E-fache Belastungszahl gemäss Gleichung (69) zu

$E\,.\,\delta_{20} = -1{,}096\,.\,110\,.\,(2{,}63 + 1{,}347) = -480$

und die statisch unbestimmte Grösse X_2 nach Gleichung (22) zu

$X_2 = -480/6{,}93 = -69{,}2.$

Die Schnittkräfte im Scheitel und Kämpfer infolge $p = 1\ t/m^2$ folgen gemäss Tabelle 6 mit

$M_S = 69{,}2\,.\,110\,.\,0{,}046 = 350$ tm

$N_S = -69{,}2 + 120{,}6 = 51{,}4$ to

$M_K = -69{,}2\,.\,110\,.\,0{,}068 = -670$ tm

$N_K = -69{,}2\,.\,0{,}866 + 120{,}6 = 60{,}7$ to

$Q_K = -69{,}2\,.\,0{,}5 = -34{,}6$ to

und infolge $p = 20\ t/m^2$

$M_S = 7000$ tm $\qquad N_S = 1028$ to

$M_K = -13400$ tm $\qquad N_K = 1214$ to $\qquad Q_K = -692$ to.

Gegenüber Punkt a) gilt hier für den Kämpfer:

Querschnittsfläche $F_K = 24{,}6\ m^2$

Widerstandsmoment $W_K = 100{,}8\ m^3$

Damit ergeben sich folgende Randspannungen:

im Scheitel $\sigma_S = 1028/19{,}5 \pm 7000/63{,4}$

an der Wasserseite $\sigma_{SW} = +\ 16{,}3\ kg/cm^2$

an der Luftseite $\sigma_{SL} = -\ \ 5{,}8\ kg/cm^2$

im Kämpfer $\sigma_K = 1214/19{,}5 \mp 13400/100{,}8$

an der Wasserseite $\sigma_{KW} = -\ 8{,}4\ kg/cm^2$

an der Luftseite $\sigma_{KL} = +18{,}2\ kg/cm^2$.

c) Elliptischer Bogen konstanter Stärke:

Eine weitere Reduktion der Zugspannungen wird durch Anordnung eines elliptischen Bogens erreicht, wie die folgende Berechnung zeigt. Die Form dieses Bogens wurde so gewählt, dass die luftseitige Berandung an den Kreisbogen des unter Punkt b) behandelten Bogens angepasst ist und die luftseitigen Kämpferpunkte beider Bogen ungefähr zusammenfallen. Dies ist gegeben, wenn die Achslinie nach einer Ellipse mit b = 32 m, $\alpha = 58^{\circ}$ und $\vartheta_K = 65^{\circ}$ geformt ist (s. Abb. 14b).

Mit diesen Abmessungen und der Bogenstärke d = 19,5 m = const. werden nachstehend nach den im Abschnitt 3, 2. 1, 1 abgeleiteten Formeln wieder die Randnormalspannungen im Scheitel- und Kämpferquerschnitt berechnet. Zuerst werden die dazu erforderlichen Integralausdrücke J_1 bis J_9 aus der Gleichungsgruppe (109) unter Verwendung der in Lit. 26 enthaltenen Tabellen der unvollständigen elliptischen Integrale erster und zweiter Gattung mit

J_1 = 0,981 904 J_4 = 0,844 002 7 J_7 = 1,033 712 7

J_2 = 0,806 756 4 J_5 = 0,291 590 4 J_8 = 0,315 574 1

J_3 = 0,690 313 6 J_6 = 0,197 954 6 J_9 = 0,491 076 3

ermittelt. Dann folgt die Lage des elastischen Schwerpunktes aus Gleichung (114) zu cos ϑ_0 = 0,772 904 9 und nach den Gleichungen (115) und (116) lauten die E-fachen Vorzahlen der Elastizitätsgleichungen

$$E \cdot \delta'_{11} = (22{,}235\,176 + 3{,}092\,578\,1) \,/\, 0{,}226\,284 = 111{,}929\,1$$

$$E \cdot \delta'_{22} = (53{,}030\,7 \cdot 0{,}029\,793\,5 + 1{,}257\,706\,6/0{,}609\,375)/$$
$$/0{,}529\,919\,26 + 1{,}0 \cdot (13{,}666\,8 \cdot 0{,}122\,700\,7 +$$
$$+ 1{,}556 + 0{,}229 \cdot 0{,}563\,593\,4) = 10{,}238\,32 .$$

Zur Berechnung der Belastungszahlen ist die Kenntnis der Kämpferschnittkräfte des statisch bestimmten Grundsystems erforderlich. Diese ergeben sich für die radiale Gleichlast p = 1 t/m² aus den Gleichungen (119) bis (121) zu

$$M'_{oK} = 1{,}304\,687\,5 \cdot 0{,}577\,3817 + 0{,}5 \cdot 2{,}561\,070\,9 \cdot 0{,}821\,393\,8 = 1{,}805\,126\,6$$

$$N'_{oK} = 0{,}660\,611/0{,}422\,618\,3 - 1{,}304\,687\,5 \cdot 0{,}660\,611 + 0{,}304\,687\,5 =$$
$$= 1{,}005\,935\,3$$

$$Q'_{oK} = 0{,}750\,728\,6 \cdot (2{,}561\,070\,9 \cdot 0{,}422\,618\,3 + 1{,}304\,687\,5) = 1{,}792\,021\,4 .$$

Nun lassen sich die Absolutglieder der Elastizitätsgleichungen (Belastungszahlen für obige radiale Gleichlast aus den Gleichungen (122) und (123) bestimmen und zwar erhält man für ihre E-fachen Werte

$$E \cdot \delta'_{10} = 100{,}073\,2 \cdot (1{,}304\,687\,5 \cdot 0{,}175\,147\,6 + 1{,}280\,535\,5 \cdot 0{,}291\,590\,4) +$$
$$+ 24{,}670\,3 = 84{,}904\,84$$

$$E \cdot \delta'_{20} = \Big[53{,}030\,7 \cdot (0{,}465\,215\,2 - 0{,}151\,921\,5 - 0{,}253\,487\,9) +$$
$$+ (3 \cdot 0{,}406\,874\,4 + 1{,}101\,159\,8 - 0{,}276\,140\,7 -$$
$$- 1{,}033\,712\,7)/0{,}609\,375\Big] /0{,}529\,919\,26 + 8{,}641\,676 - 1{,}034\,011\,7 +$$
$$+ 2{,}401\,399 = 19{,}127\,71.$$

Damit folgt nach den Gleichungen (113) für die statisch unbestimmten Grössen

X'_1 = 0,75856 und X'_2 = 1,8682

und letzten Endes nach den Gleichungen (127) bis (129) für die Schnittkräfte im Bogenscheitel

$M_S = 32^2 \, . \, 0,3343 = 342$ tm

$N_S = 32 \, . \, 1,868 = 59,8$ to

und im Bogenkämpfer

$M_K = -32^2 \, . \, 0,3921 = -401,6$ tm

$N_K = 32 \, . \, 2,240 = 71,7$ to

$Q_K = -32 \, . \, 0,3894 = -12,46$ to;

für eine Bogenbelastung von p = 20 t/m² lauten die Schnittkräfte

$M_S = 6840$ tm $\quad N_S = 1196$ to

$M_K = -8032$ tm $\quad N_K = 1434$ to $\quad Q_K = -249$ to

und schliesslich die Randspannungen

im Scheitel $\sigma_S = 1196/19,5 \pm 6840/63,4$

an der Wasserseite $\sigma_{SW} = +16,9$ kg/cm²

an der Luftseite $\sigma_{SL} = -\ 4,7$ kg/cm²

im Kämpfer $\sigma_K = 1434/19,5 \mp 8032/63,4$

an der Wasserseite $\sigma_{KW} = -\ 5,3$ kg/cm²

an der Luftseite $\sigma_{KL} = +20,0$ kg/cm².

Um die Ergebnisse der drei vorangeführten Bogenformen besser überblicken zu können, sind die luft- und wasserseitigen Randnormalspannungen σ_L bzw. σ_W für den Scheitel- und Kämpferquerschnitt in Tabelle 7 zusammengestellt. Aus dieser Gegenüberstellung ist zu entnehmen, dass die Zugspannungen

Tabelle 7 - Randnormalspannungen in kg/cm²
(+ = Druck, - = Zug)

		Kreisbogen d = const.	Kreisbogen d = variabel	ellipt. Bogen d = const.
Scheitel	σ_W	+ 18,5	+ 16,3	+ 16,9
	σ_L	- 7,6	- 5,8	- 4,7
Kämpfer	σ_W	- 11,7	- 8,4	- 5,3
	σ_L	+ 24,2	+ 18,2	+ 20,0

im Scheitelquerschnitt (luftseitig) von -7,6 auf -4,7 kg/cm², also um rund 38 %, und im Kämpferquerschnitt (wasserseitig) von -11,7 auf -5,3 kg/cm², d.s. rund 55%, abnehmen; ebenso zeigen die Druckspannungen im Scheitel (wasserseitig) eine Abnahme um rund 9% von +18,5 auf +16,9 kg/cm² und im Kämpfer (luftseitig) eine Abnahme um rund 17% von +24,2 auf +20,0 kg/cm².

4. ZUSAMMENFASSUNG

Einleitend wurden die Methoden der statischen Berechnung von Gewölbemauern kurz beschrieben und anschliessend eine allgemeine Darstellung der Bogentheorie, abgestimmt auf das Rostverfahren, wiedergegeben. Im dritten Hauptabschnitt ist dann für verschiedene Bogenformen (Horizontalelemente von Gewölbemauern), neben einer Beschreibung ihrer Anwendungsmöglichkeiten, deren Berechnung eingehender dargelegt worden. In diesem Zusammenhang wurden Bogen mit kreisförmiger und elliptischer Achse, in beiden Fällen sowohl von konstanter wie auch veränderlicher Stärke, behandelt. Die diesbezüglich angeführten Berechnungsverfahren wurden nach dem Gesichtspunkt ausgewählt, dass sie, einerseits in statischen Vorberechnungen andererseits in Hauptberechnungen von Gewölbemauern, in Hinblick auf den Rechenaufwand jeweils die wirtschaftlichste Berechnungsart darstellen. Zu diesem Zwecke wurden neben bereits bekannten Gebrauchsformeln verschiedene Erweiterungen vorgenommen und auch neue Formeln entwickelt und zwar

1) wurden im Abschnitt 3, 1. 2, 1 die von Perkins abgeleiteten Formeln zur Berechnung von symmetrischen Bogen veränderlicher Stärke (Lit. 19) auf die Berücksichtigung eines beliebigen Einspanngrades und eines linearen Temperaturgefälles zwischen Luft- und Wasserseite erweitert und durch Hinzufügung entsprechender Kurventafeln (s. Abschn. 5), zur wesentlichen Verminderung des Rechenaufwandes vor allem in Entwurfsarbeiten (Vorberechnungen), einer rationellen Anwendung zugeführt;

2) wurde in dem vom Bureau of Reclamation entwickelten Berechnungsverfahren für Bogen veränderlicher Stärke (s. Abschn. 3, 1. 2, 4) die Erfassung der ungleichmässigen Temperaturänderung ergänzt;

3) wurden im Abschnitt 3, 2. 1, 1 Gebrauchsformeln zur statischen Berechnung von symmetrischen Bogen mit elliptischer Achse und konstanter Bogenstärke für alle in Vorberechnungen von Gewölbemauern notwendigen Belastungen abgeleitet.

Abschliessend wurde an Hand dreier Zahlenbeispiele die Auswirkung der Formgebung von Bogenlamellen auf die Spannungswerte gezeigt. Darnach ergab sich für einen Kreisbogen veränderlicher Stärke, wobei die Bogenstärke vom Scheitel zum Kämpfer eine stetige Zunahme bis auf rund 26 % der Scheitelstärke erhalten hat, gegenüber einem äquivalenten Kreisbogen mit konstanter Stärke eine Zugspannungsverminderung von rund 24 % im Scheitelquerschnitt und eine solche von rund 28 % im Kämpferquerschnitt. Ein dieser Formgebung äquivalenter Bogen mit elliptischer Achse und konstanter Stärke erbrachte gegenüber dem Kreisbogen veränderlicher Stärke eine weitere Abnahme der Zugspannungen um rund 19 % im Scheitelquerschnitt und um rund 37 % im Kämpferquerschnitt.

Mit diesen kleinen Beiträgen hofft der Verfasser, besonders dem in der Praxis stehenden Ingenieur brauchbare Hilfsmittel zur raschen Berechnung und zum Entwurf von Gewölbemauern gegeben zu haben.

LITERATURHINWEIS

1) Jorgensen, L.: Betrachtungen über den Entwurf von Gewölbemauern mit unveränderlichem Mittenwinkel, Deutsche Wasserwirtschaft 1938, S. 21.

2) Bureau of Reclamation: Trial Load Method of Analyzing Arch Dams, Denver 1938.

3) Jurecka, W.: Beiträge zur Berechnung von Bogenstaumauern nach dem Lastaufteilungsverfahren, Dissertation Techn. Hochschule Graz, 1948.

4) Jurecka, W.: Die Berechnung bogenförmiger Staumauern nach dem Lastaufteilungsverfahren, Österr. Bauzeitschrift, 1949, S. 173.

5) Tschech, E. u. Jaburek, F.: Berechnung von Bogenstaumauern im Vergleich mit den Ergebnissen statischer Modellversuche, Österr. Bauzeitschrift, 1951, S. 17.

6) Tölke, F.: Wasserkraftanlagen - Talsperren, Springer Berlin, 1938.

7) Mauser, H.: Zur Elastostatik der Gewölbesperren, Diss. Hochschule f. Bodenkultur, Wien 1948.

8) Rescher, O.: Die Gewölbestaumauer, Diss. Techn. Hochschule Wien, Abhandlungen des Dokumentationszentrums der Technik, Heft 1, Wien 1951.

9) Lombardi, J.: Les barrages en voute mince, Lausanne 1955, Rouge & Cie.

10) Herzog, M.: Schalenförmige Staumauern, Bautechnik 1956, S. 47.

11) Herzog, M.: Über die Berechnung beliebig geformter Gewölbestaumauern nach der Schalentehorie, Bautechnik 1956, S. 268.

12) Herzog, M.: Beitrag zur Näherungsberechnung doppelt gekrümmter Staumauern, Bautechnik 1957, S. 298.

13) Jurecka, W.: Zur Wahl der Gewölbestärke von Bogenstaumauern, Bauingenieur 1954, S. 176.

14) Creager, W.P., Justin J.D. und Hinds J.: Engineering for Dams, John Wiley & Sons, Inc., New York, Band II, 1947.

15) Davis, C.V.: Handbook of Applied Hydraulics, Mc Graw - Hill, N.Y. 1942.

16) Lieurance, R.S.: Design of Arch Dams, Proc. Am. Soc. Civ. Eng. 1940.

17) Bureau of Reclamation: Treatise on Dams, Chapter 10, 1950.

18) Inzinger, R.: Über die Mittenfläche einer Schale, Mitteilungen des Mathem. Labor TH Wien, Nr. II/5, September 1955, S. 111-112.

19) Perkins, W.A.: Analysis of Arch Dams of Variable Thickness, Proc. Am. Soc. Civ. Eng., Vol. 78, Sep. No. 129, Mai 1952; Diskussion darüber in Proc. ASCE, Vol. 79, Sep. No. D-129, Mai 1953.

20) Mensch, L.J.: Proc. Am. Soc. Civ. Eng. 1928.

21) Mensch, L.J.: Diskussion über: Analysis of Arch Dams by the Trial Load Method, von C.H. Howell and A.C. Jaquith, Transactions, ASCE, Vol. 93, 1929, S. 1250.

22) Rolin, G.R.: The Analysis of Arches and Cantilevers by Means of Simpson's Rule, U.S. Bureau of Reclamation, Technical Memorandum No. 627, Denver 1942.

23) Tremmel, E.: Beitrag zur Gewölbemauerberechnung, Österr. Wasserwirtschaft 1951, Heft 5/6, S. 107 - 114.

24) Tremmel, E.: Zur elementaren Berechnung von Gewölbemauerlamellen veränderlicher Dicke, Festschrift: Die Oberstufe des Tauernkraftwerkes Glockner-Kaprun, Tauernkraftwerke A.G., Sept. 1955.

25) Chwalla, E. u. Kettner, R.: Die Statik der Kamptalsperren, Österr. Wasserwirtschaft 1957, Heft 12.

26) Byrd, P.F. u. Friedman, M. D.: Handbook of Elliptic Integrals for Engineers and Physicists, Die Grundlehren der mathematischen Wissenschaften Band LXVII, Springer - Berlin 1954, S.324 uff.

27) Tremmel, E.: Beitrag zur Gewölbemauerberechnung, Zeitschrift des Österr.Ing. u. Arch. Vereines, 1951,S.161-164 und S.187-189.

28) Tremmel, E.: Zur Theorie kreisberandeter Bogenscheiben, Österr. Ingenieur-Archiv 1954, S.11-38

29) Tremmel, E.: Grundlagen der statischen Berechnung der Limbergsperre, Die Hauptstufe des Tauernkraftwerkes Glockner-Kaprun, Tauernkraftwerke A.G., September 1951.

30) Bosshard, E.: Beiträge zur Theorie und Berechnung der Bogenstaumauern, Mitteilungen aus dem Inst. f. Baustatik an der ETH in Zürich, Nr.22, Zürich 1949.

31) Parkus, H.: Die Grundgleichungen der Schalentheorie in allgemeinen Koordinaten, Österr. Ingenieur-Archiv 1950, S.160.

32) Grengg, H. u. Lauffer H.: Der Gewölbemauerbau in Österreich, Österr. Bauzeitschrift 1948, S.136-144.

33) Jurecka, W.: Der Einfluss des Tangential- und Torsionsausgleiches auf die nach dem Lastaufteilungsverfahren bestimmten Spannungen in Gewölbestaumauern. Zeitschrift d. Österr. Ing. u. Arch. Vereines 1953, S.101-105.

34) Tölke, F.: Die Entwicklung der Bogenstaumauer zur beherrschenden Bauform für den Ausbau der Mitteleuropäischen Wasserkräfte. Der Bauingenieur 1950, S.33, S.115 u. S.170.

35) Jaeger, Ch.: Modern Trends in Arch Dam Construction and Design, Civil Engineering and Public Works Review, April 1950.

36) Huschmand Naimi: Beiträge zur Anwendung der Schalentheorie bei Bogenstaumauern; Vergleich der Schalenmethoden mit den Trägerrostberechnungen, Mitteilungen aus dem Institut für Baustatik an der ETH, Nr.32, Zürich 1957.

5. ANHANG

KURVENTAFELN ZU ABSCHNITT 3,1.2,1.

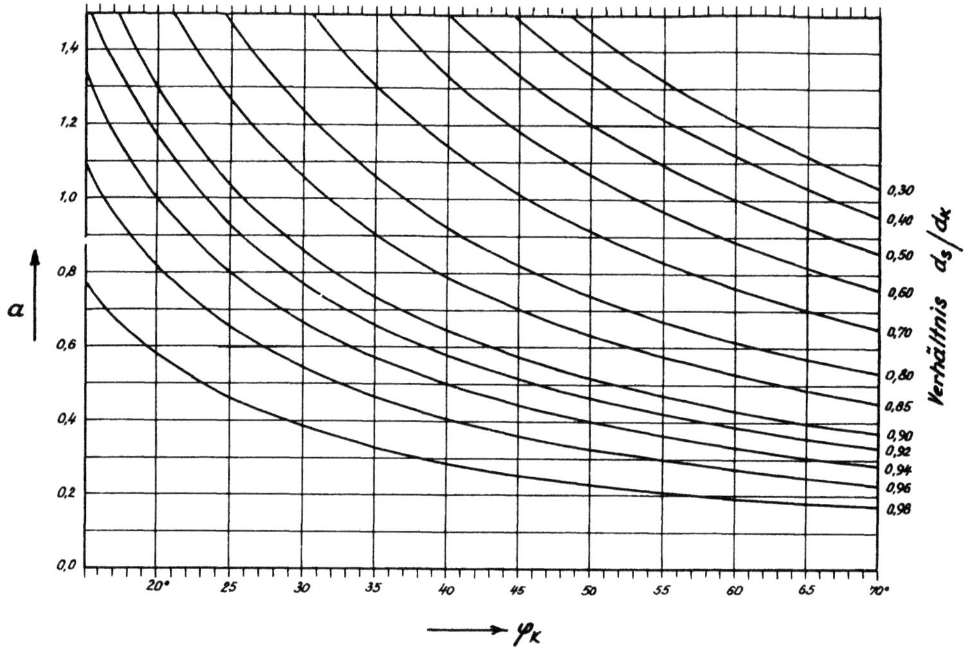

Tafel 1: (s. S. 28) Funktion $a = \frac{1}{\varphi_K} \cdot \arccos \frac{d_s}{d_K}$

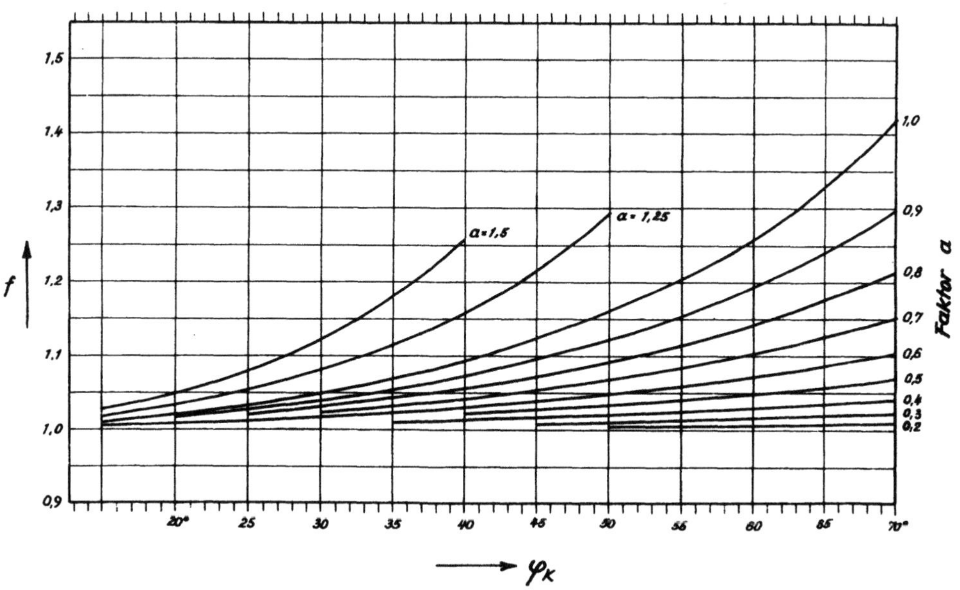

Tafel 2: (s. S. 32) Funktion $f = \frac{2{,}3026}{a\varphi_K} \cdot \log \operatorname{tg}\left(45° + \frac{a\varphi_K}{2}\right)$

entnommen aus Lit. 19

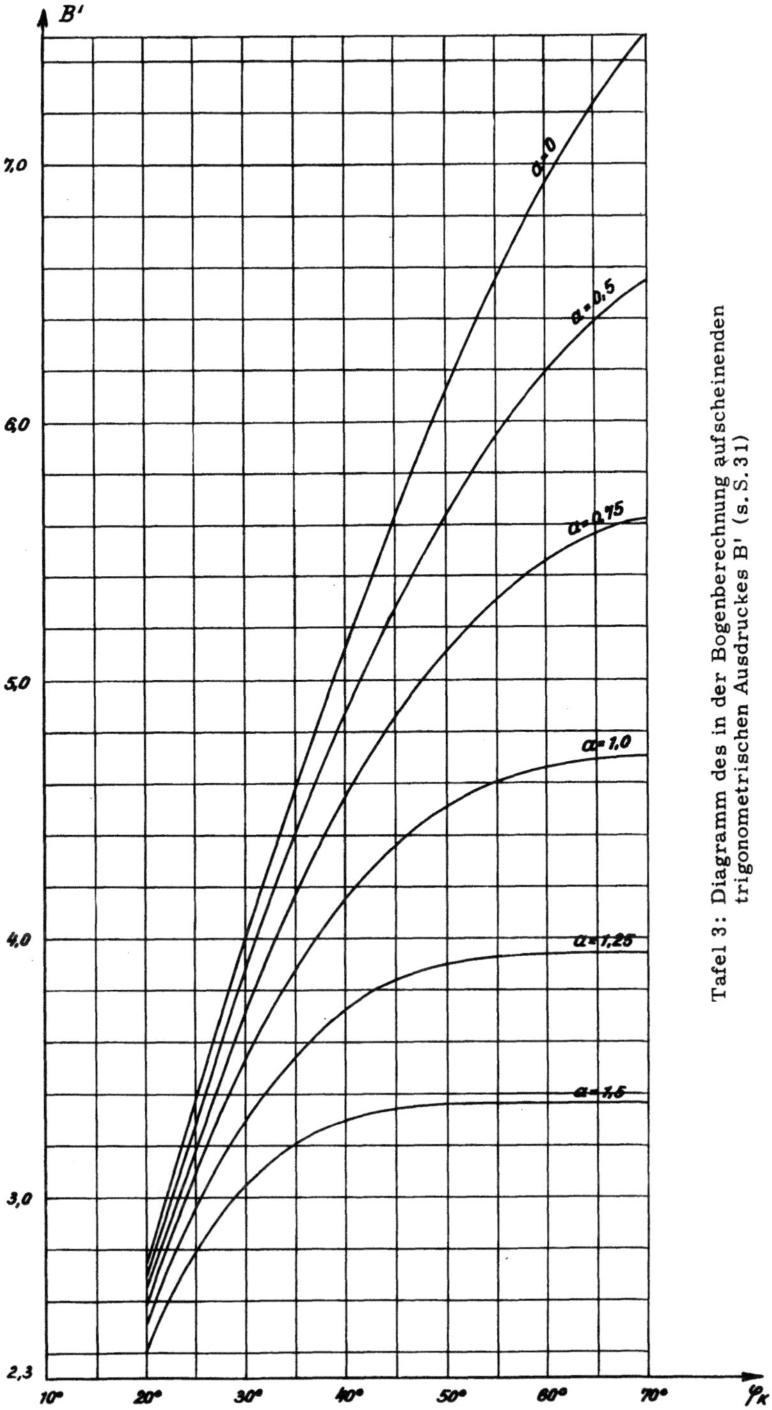

Tafel 3: Diagramm des in der Bogenberechnung aufscheinenden trigonometrischen Ausdruckes B' (s. S. 31)

Tafel 4: Diagramm des in der Bogenberechnung aufscheinenden trigonometrischen Ausdruckes C' (s. S. 31)

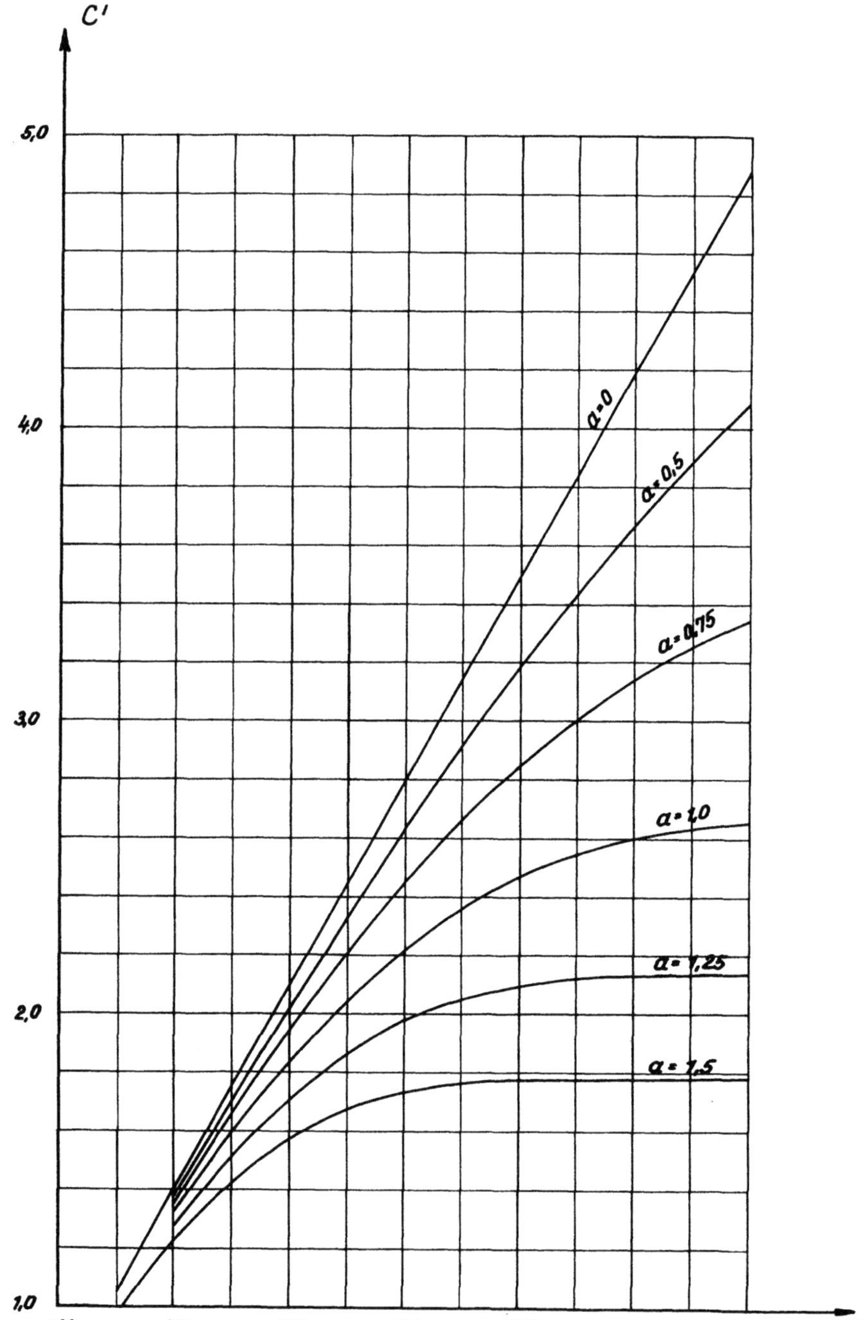

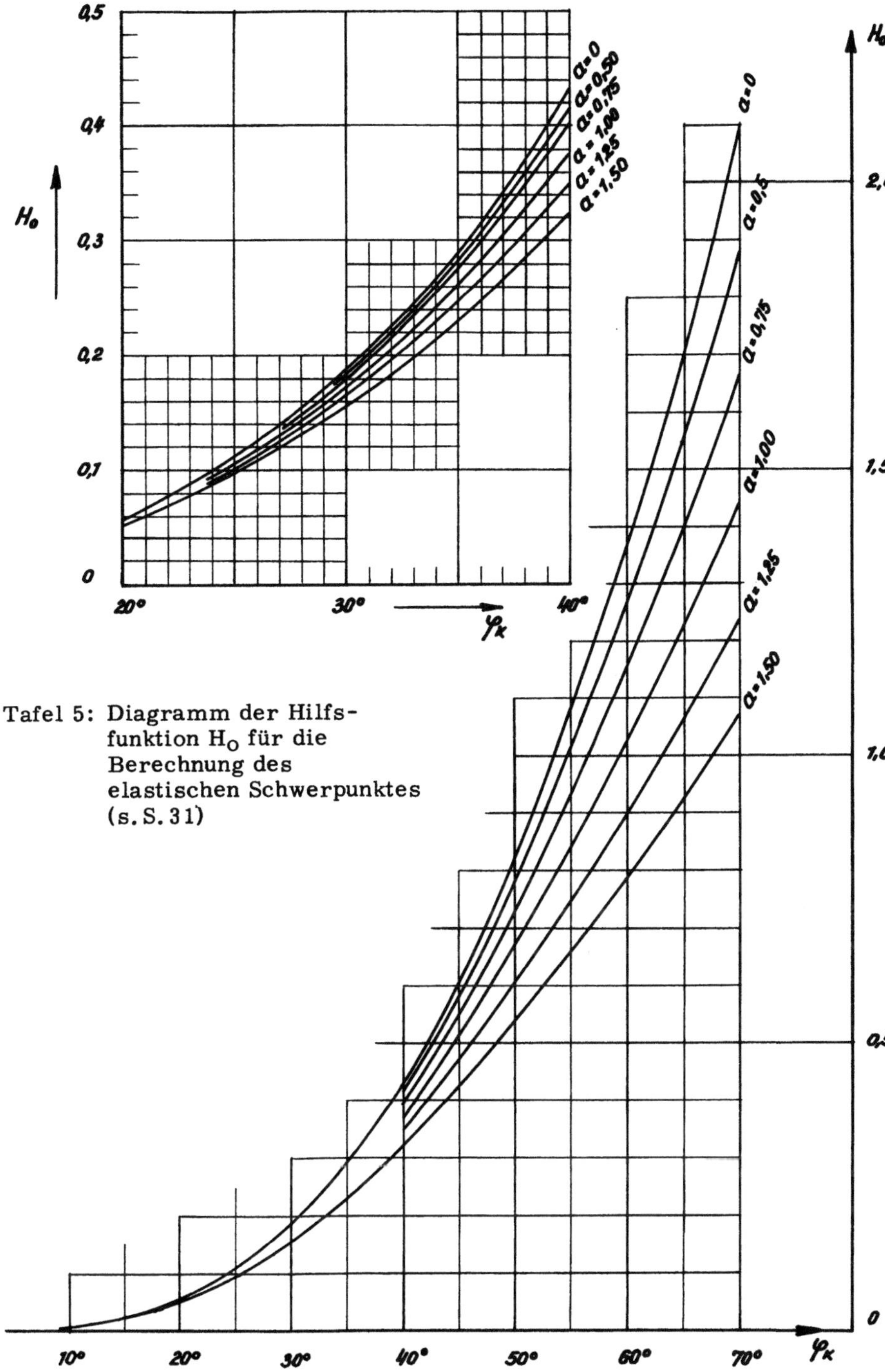

Tafel 5: Diagramm der Hilfsfunktion H_0 für die Berechnung des elastischen Schwerpunktes (s. S. 31)

Tafel 6: Diagramm des in der Bogenberechnung aufscheinenden trigonometrischen Ausdruckes A'/2 (s. S. 31)

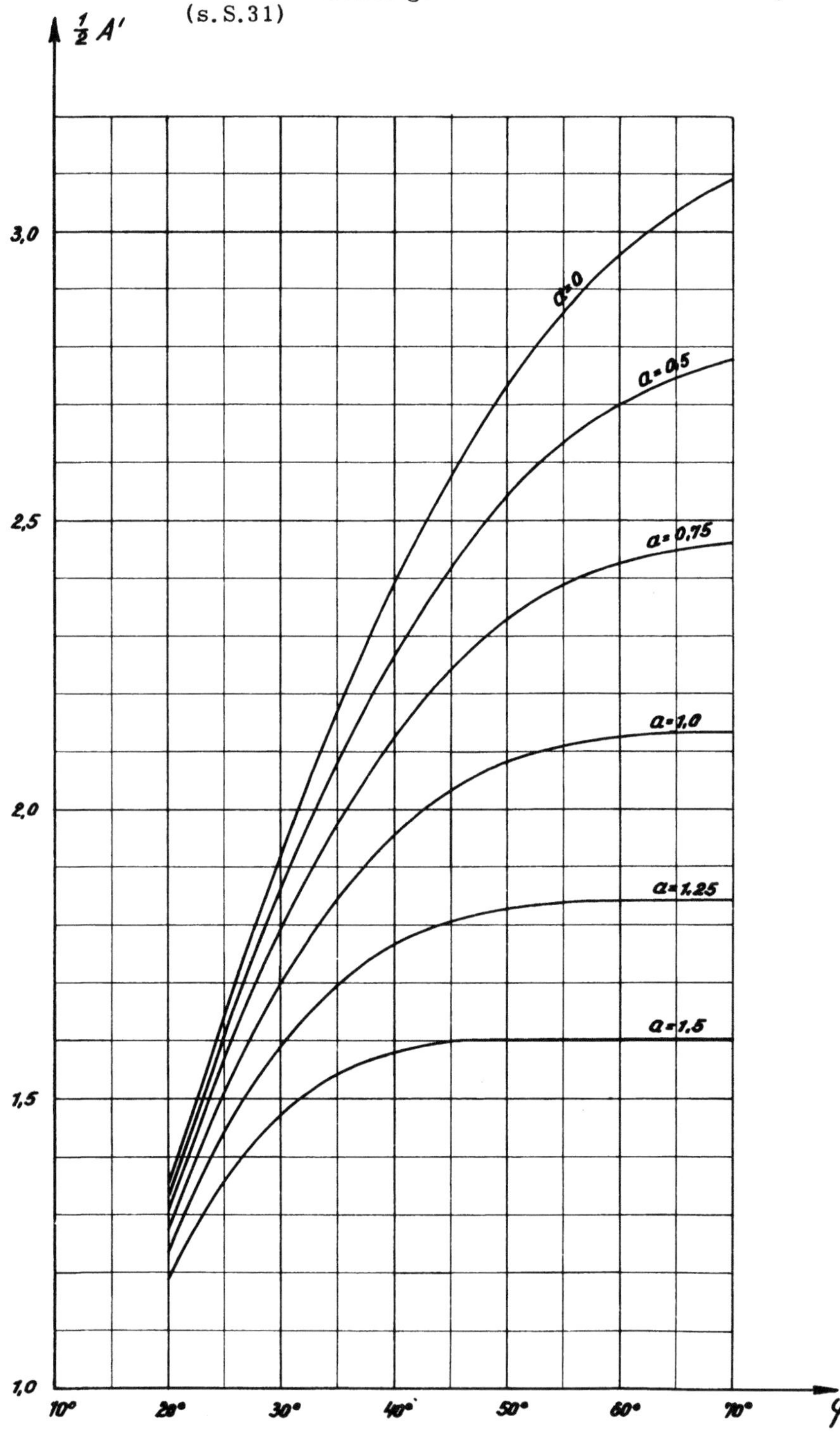

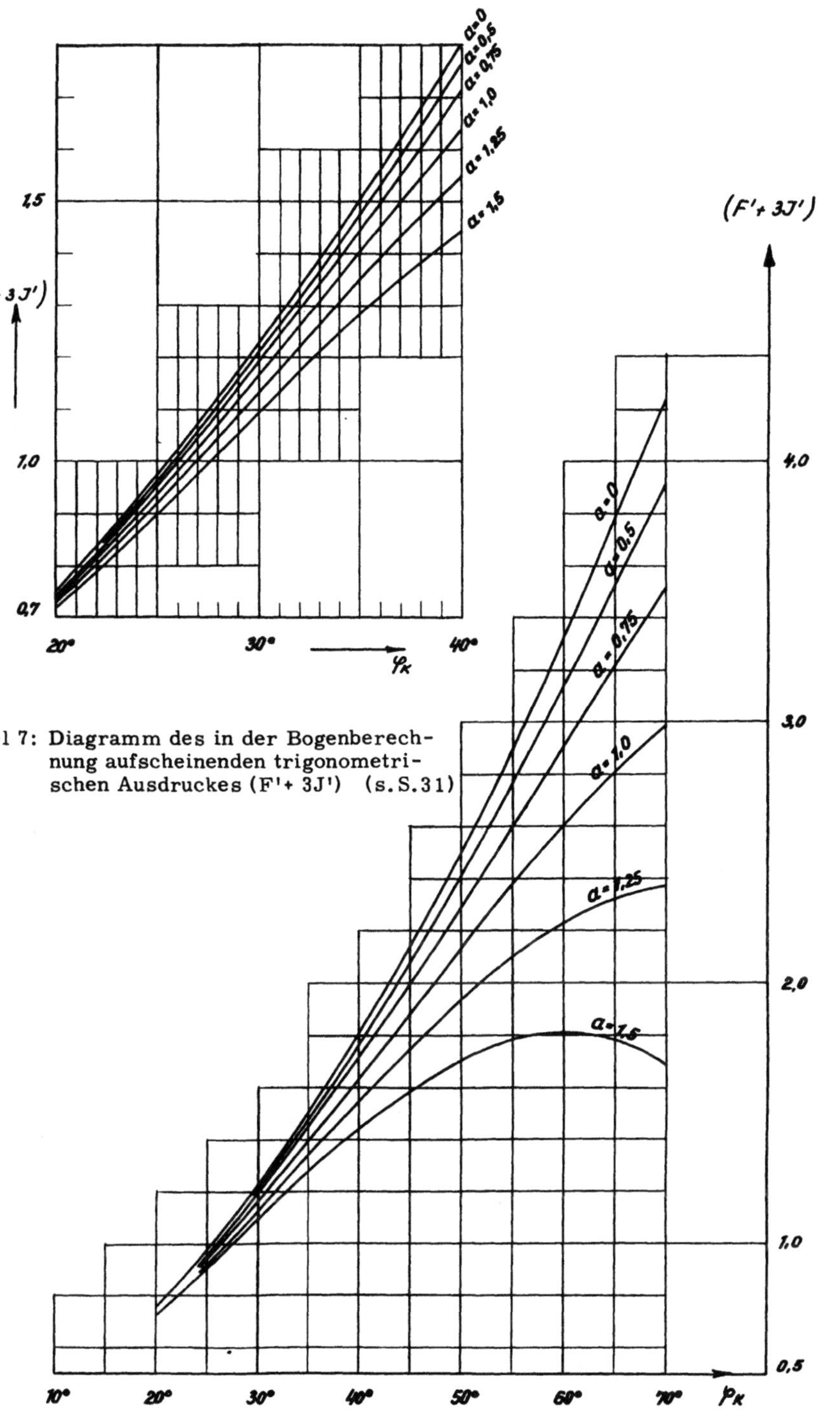

Tafel 7: Diagramm des in der Bogenberechnung aufscheinenden trigonometrischen Ausdruckes (F'+ 3J') (s.S.31)

Tafel 8: Diagramm der Hilfsfunktion
H_1 für $\varphi_K = 20^o$ (s. S. 31)

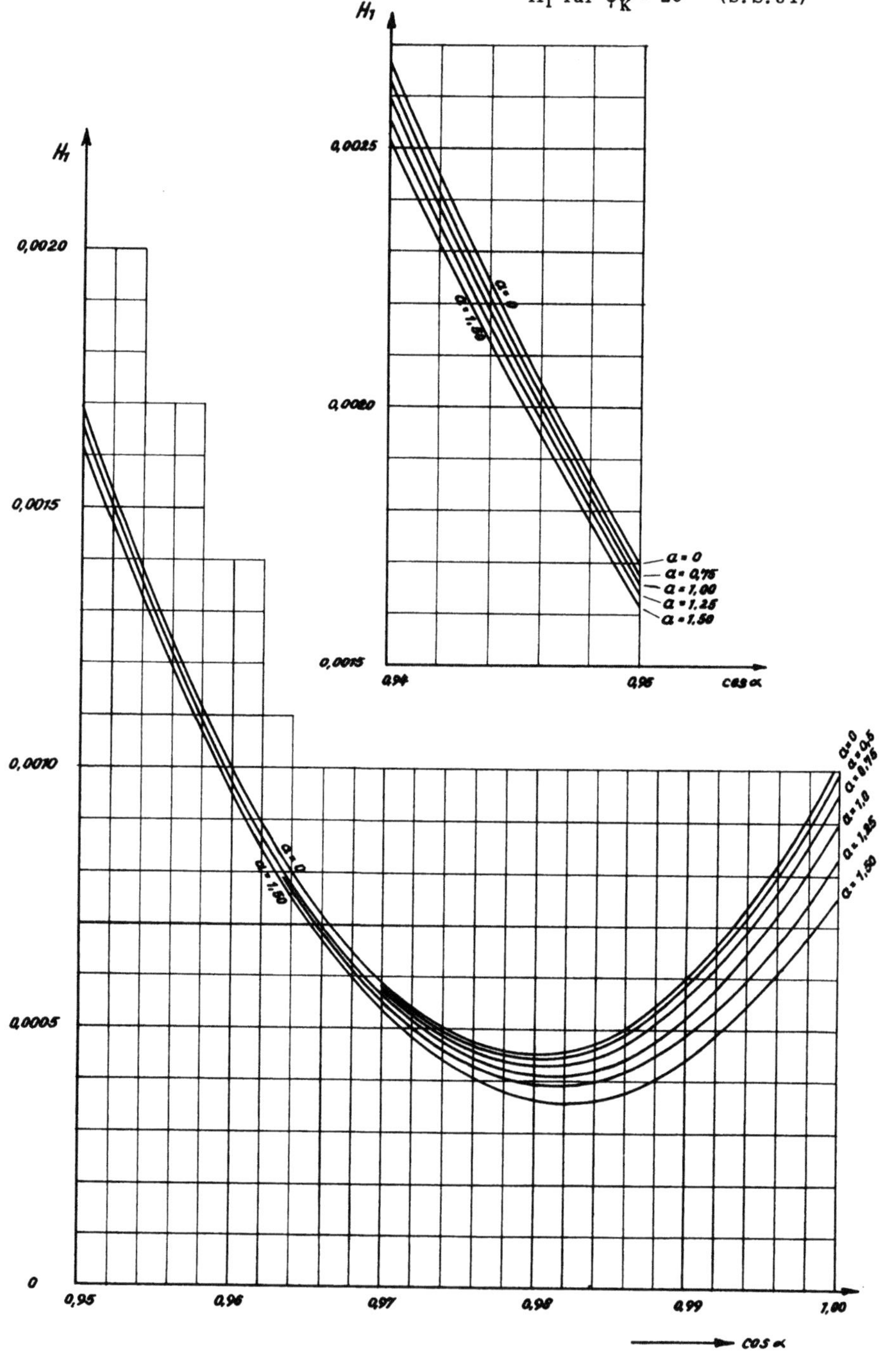

Tafel 9: Diagramm der Hilfsfunktion
H_1 für $\varphi_K = 30^o$ (s. S. 31)

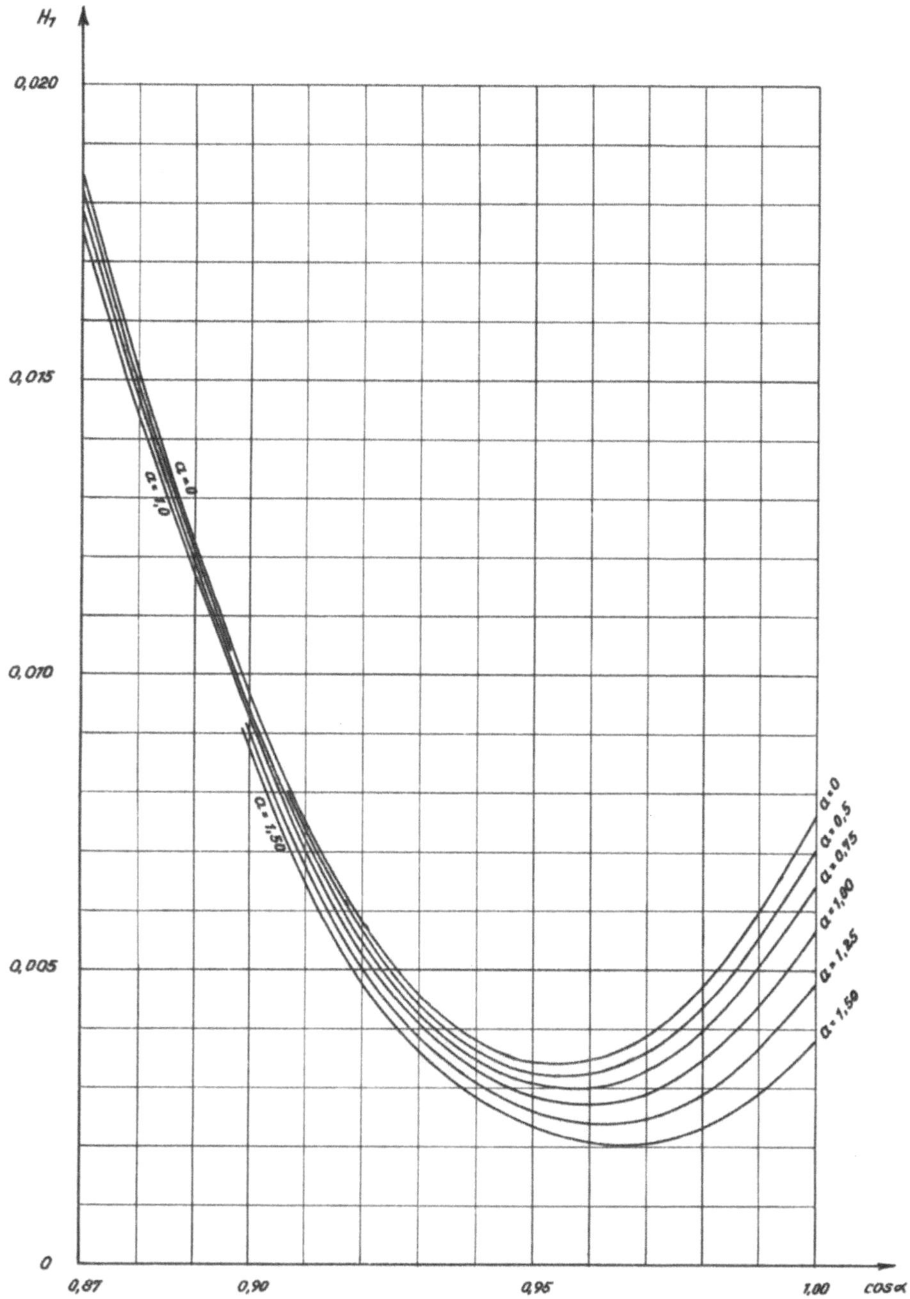

Tafel 10: Diagramm der Hilfsfunktion H_1 für $\varphi_K = 40^o$ (s. S. 31)

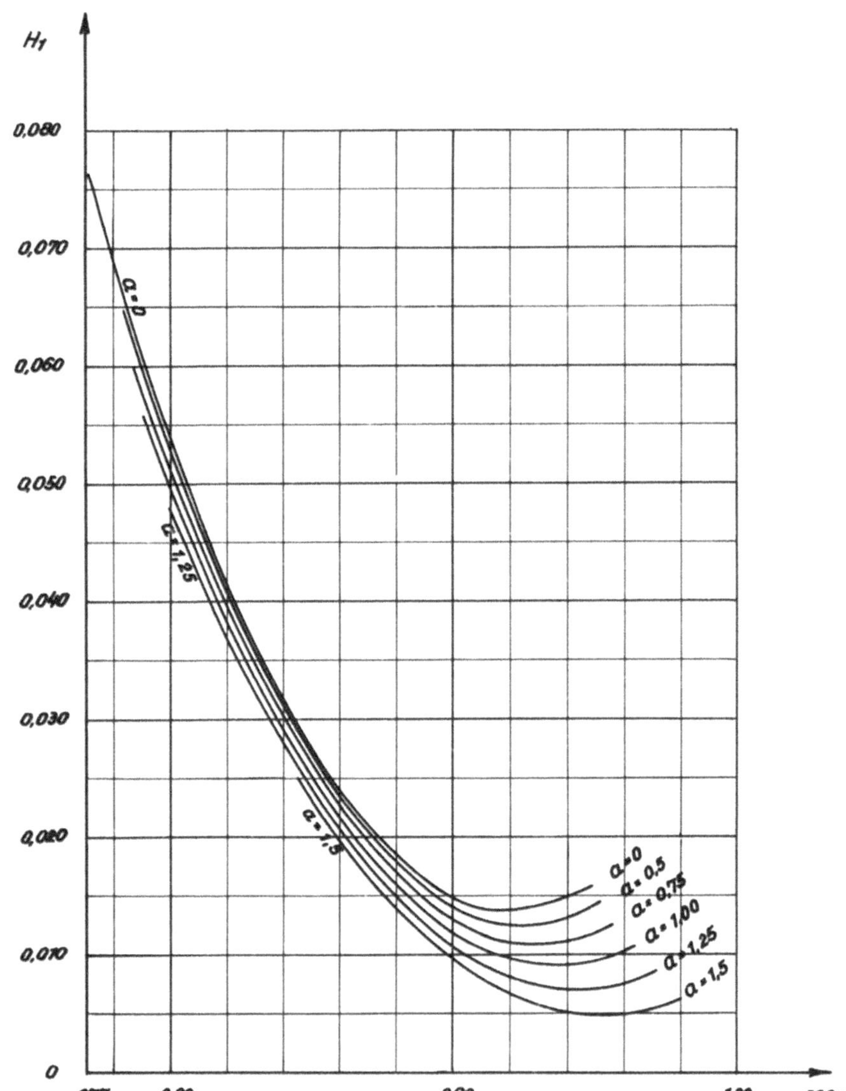

Tafel 11: Diagramm der Hilfsfunktion
H_1 für $\varphi_K = 50^o$ (s. S. 31)

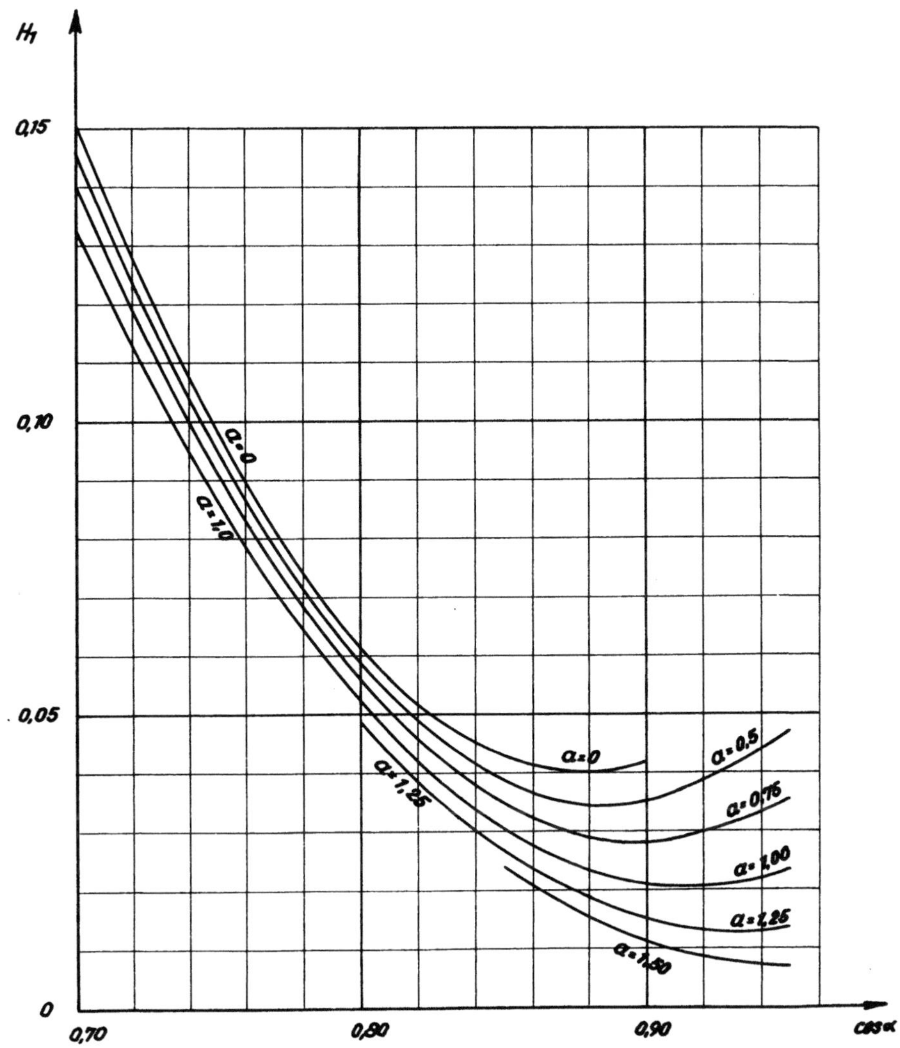

Tafel 12: Diagramm der Hilfsfunktion
H_1 für φ_K = 60° (s.S. 31)

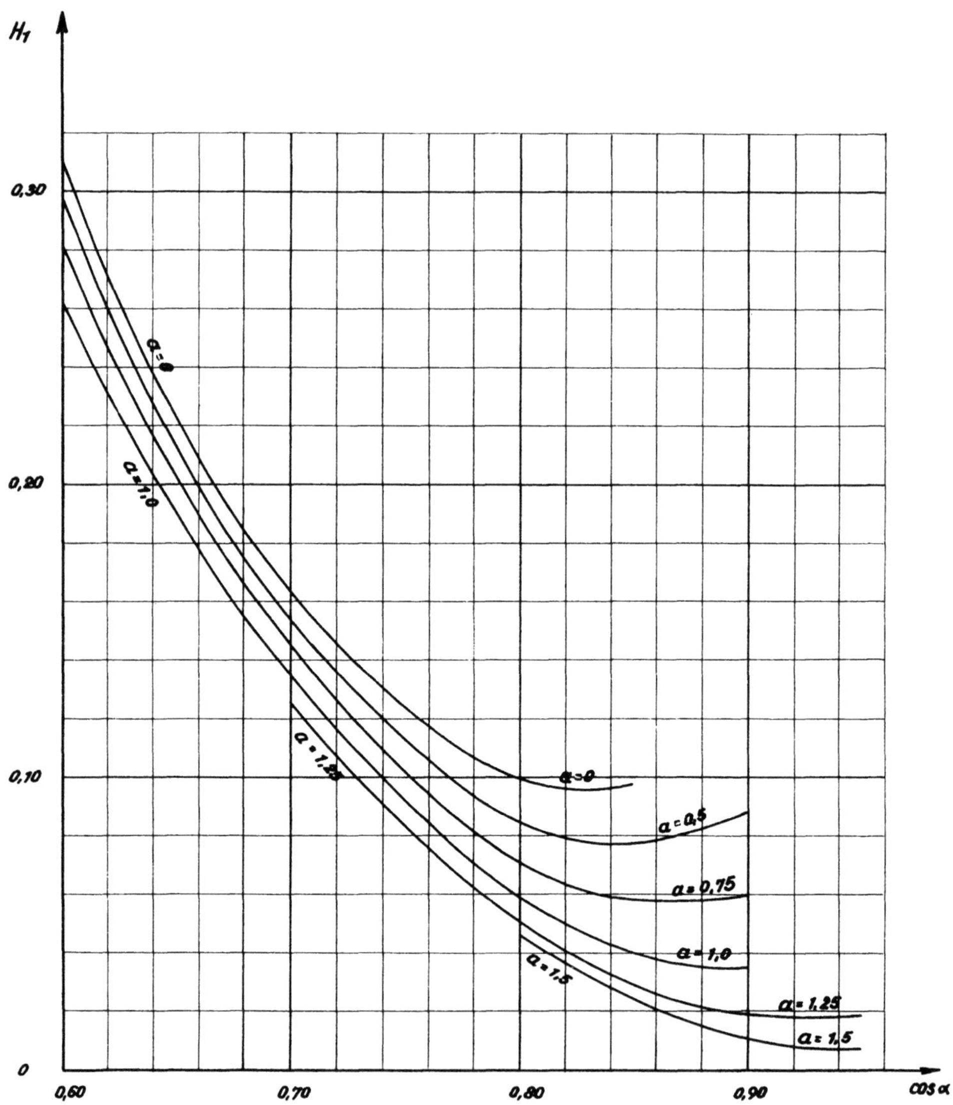

Tafel 13: Diagramm der Hilfsfunktion
H_1 für $\varphi_K = 70^o$ (s. S. 31)

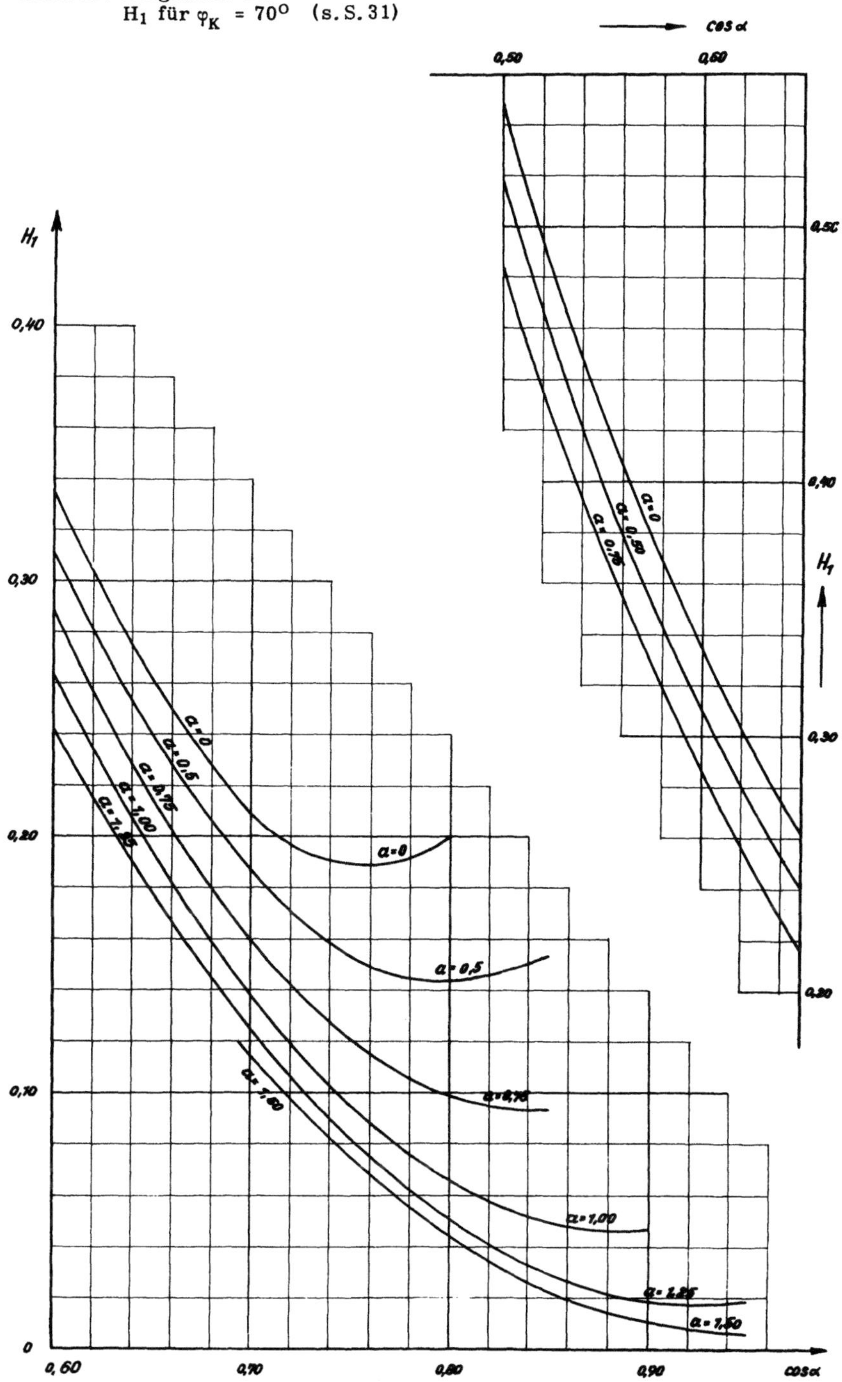

Tafel 14: Diagramm des in der Bogenberechnung aufscheinenden trigonometrischen Ausdruckes K'/2 (s. S. 32)

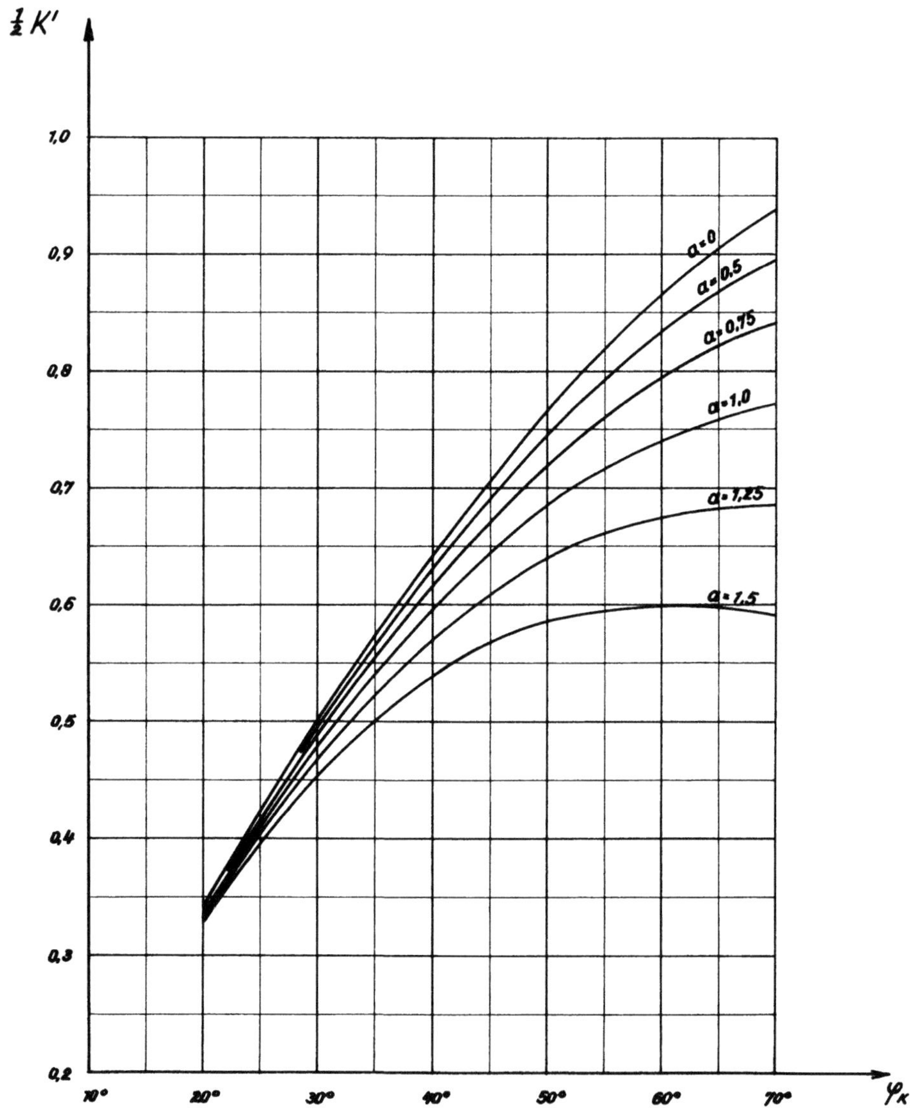

Tafel 15: Diagramm des in der Bogenberechnung aufscheinenden trigonometrischen Ausdruckes (F' + J')/ 2 (s. S. 33)

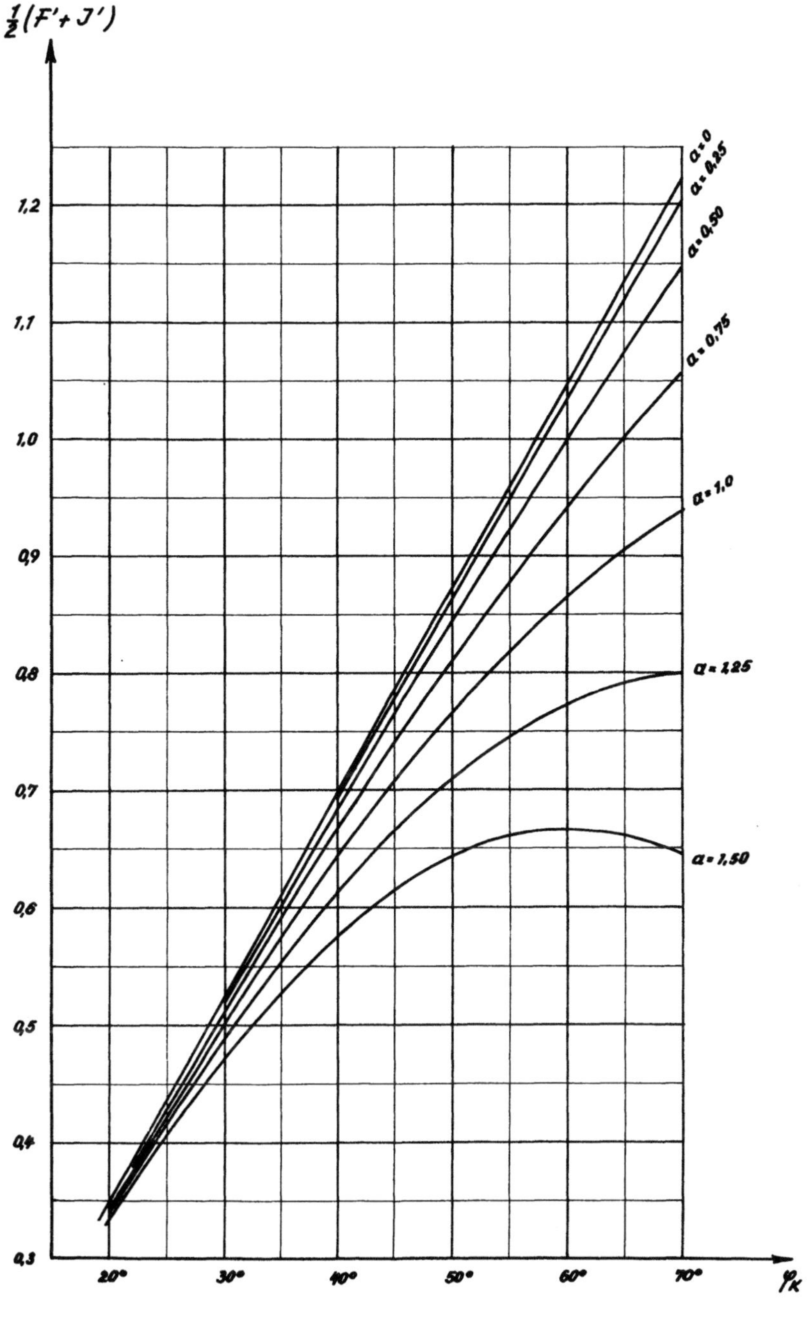

Tafel 16: Diagramm der Hilfsfunktion
H_2 für $\varphi_K = 20^{\circ}$ (s. S. 33)

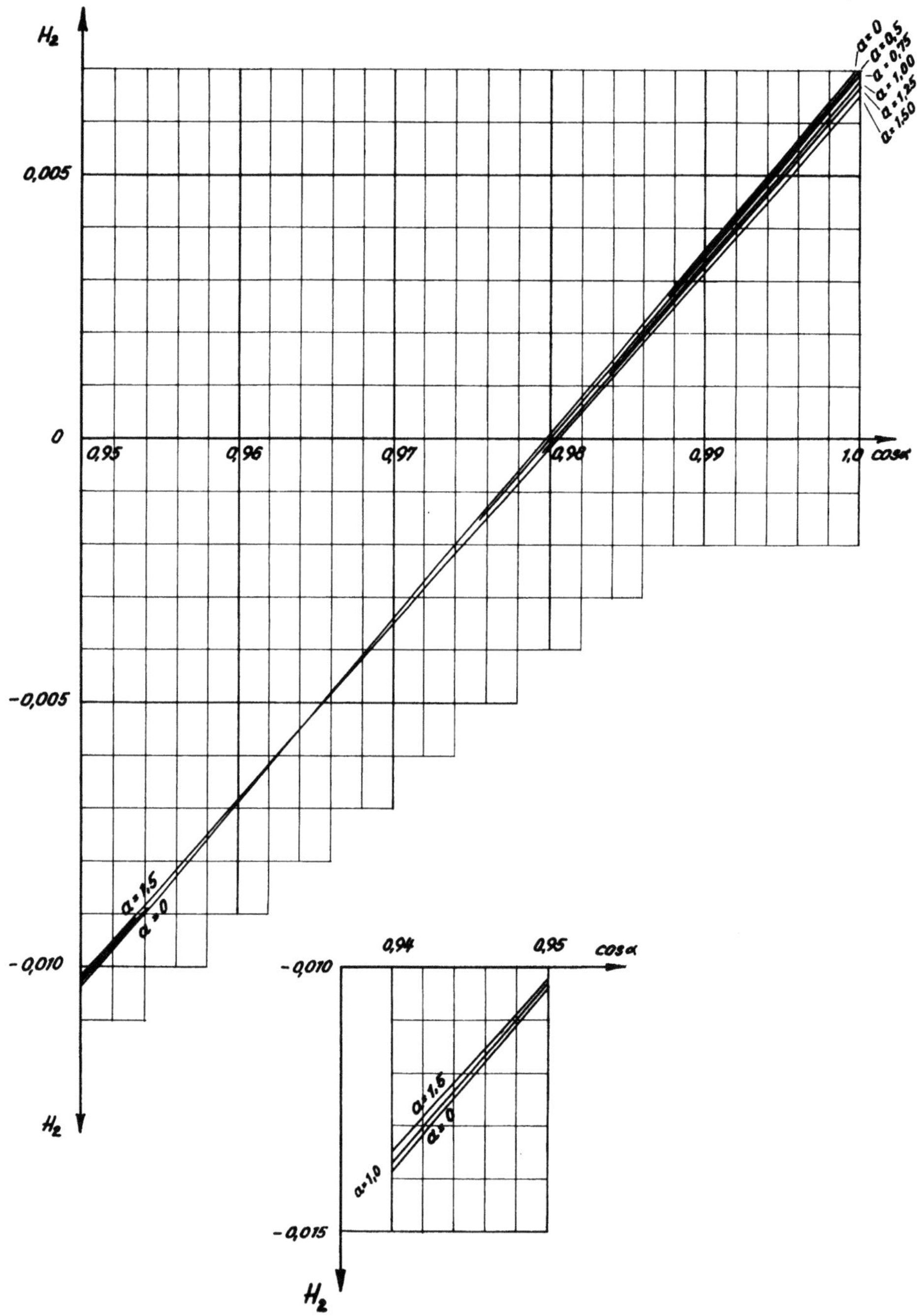

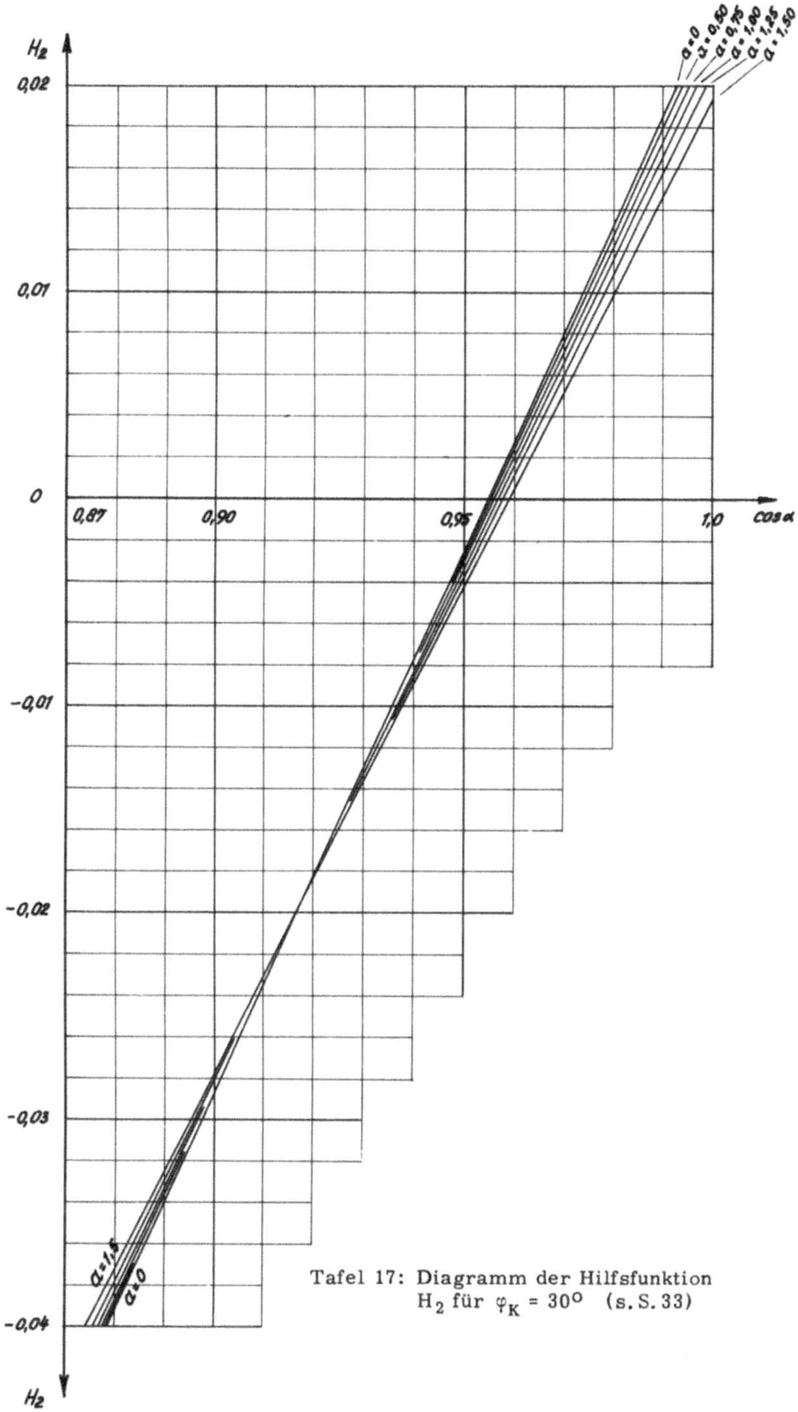

Tafel 17: Diagramm der Hilfsfunktion
H_2 für $\varphi_K = 30^{\circ}$ (s. S. 33)

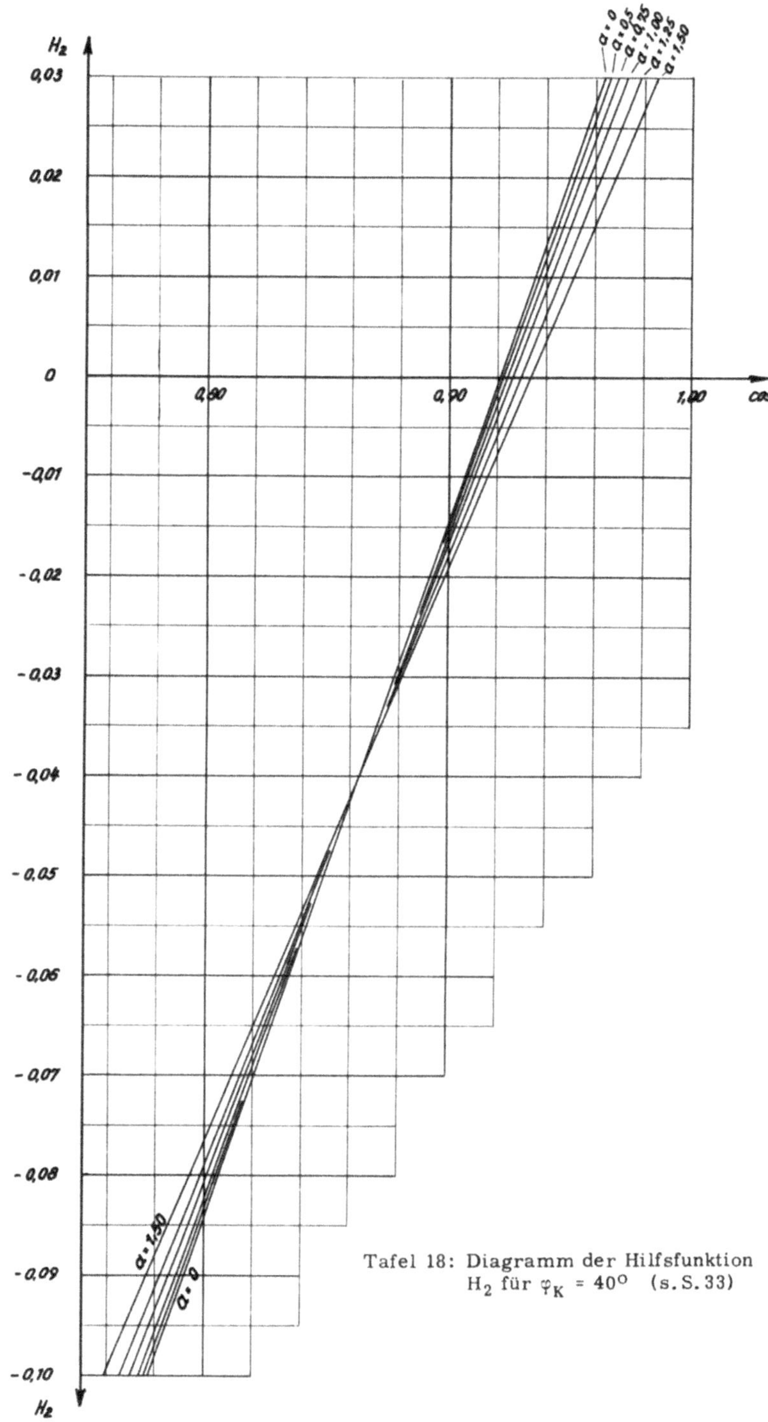

Tafel 18: Diagramm der Hilfsfunktion H_2 für $\varphi_K = 40^0$ (s. S. 33)

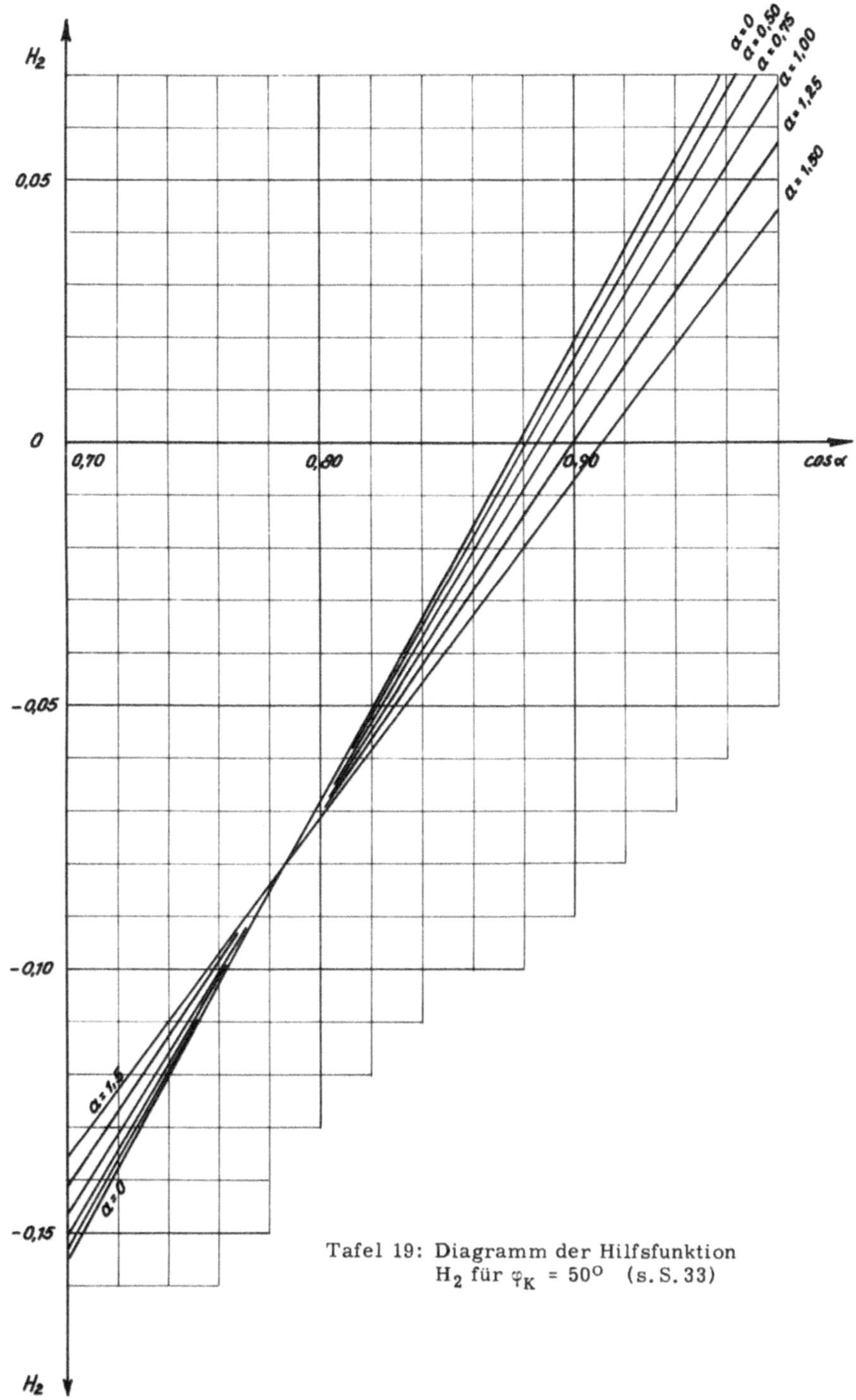

Tafel 19: Diagramm der Hilfsfunktion
H_2 für $\varphi_K = 50^\circ$ (s. S. 33)

Tafel 20: Diagramm der Hilfsfunktion H_2 für $\varphi_K = 60^o$ (s. S. 33)

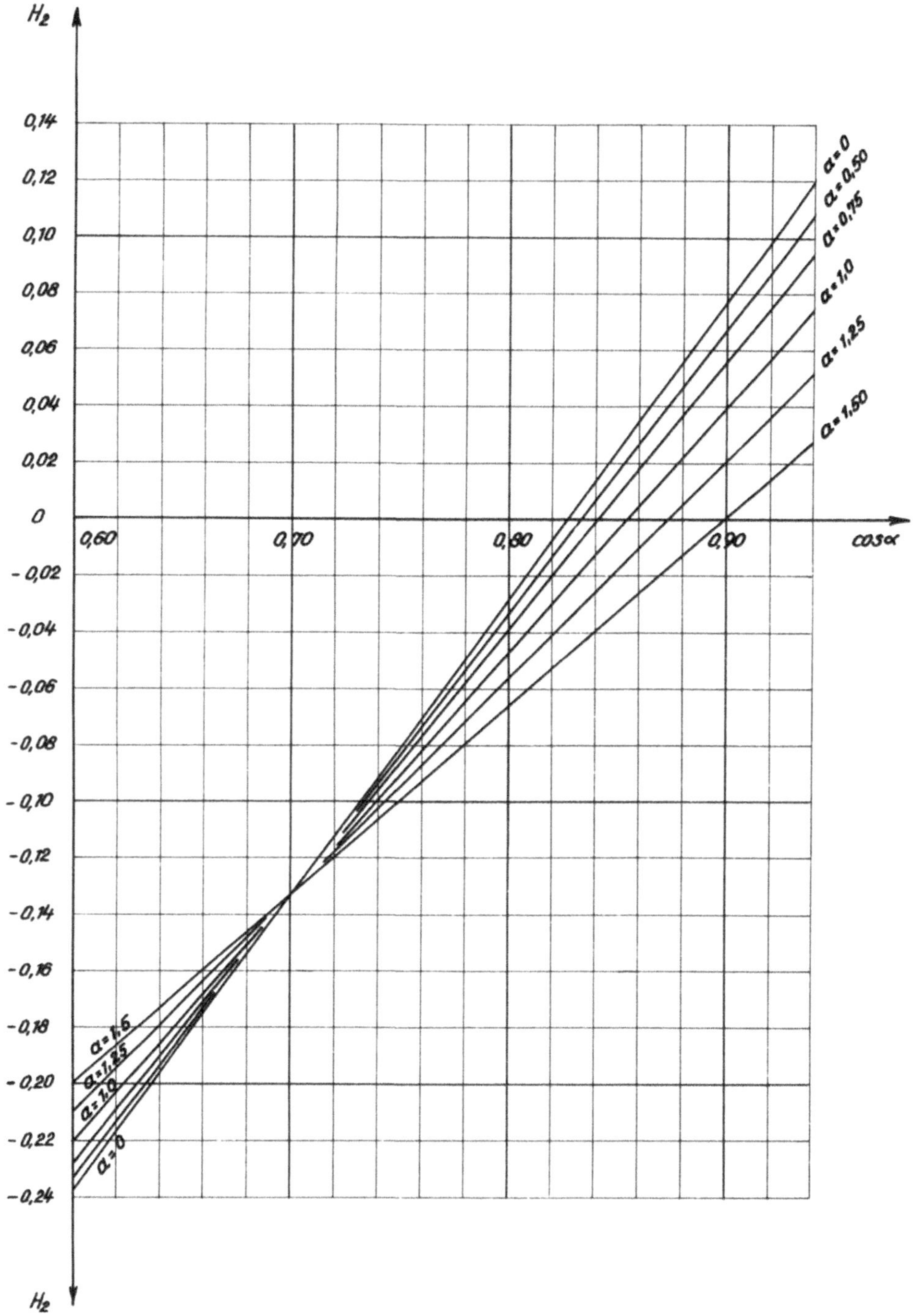

Tafel 21: Diagramm der Hilfsfunktion H_2 für $\varphi_K = 70^o$ (s. S. 33)

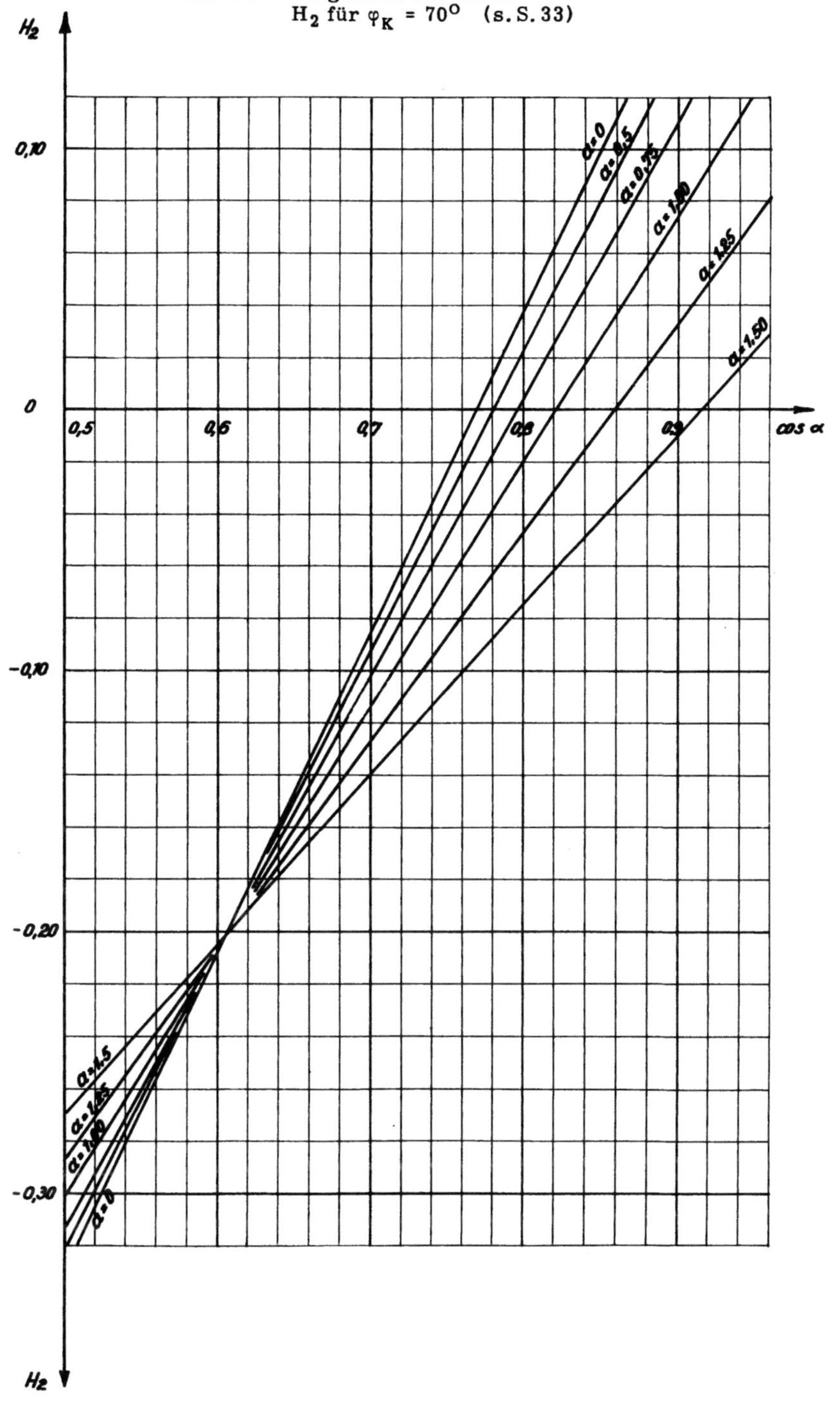

Tafel 22: Diagramm der Hilfsfunktion H_3 für $\varphi_K = 20^o$ (s. S. 34)

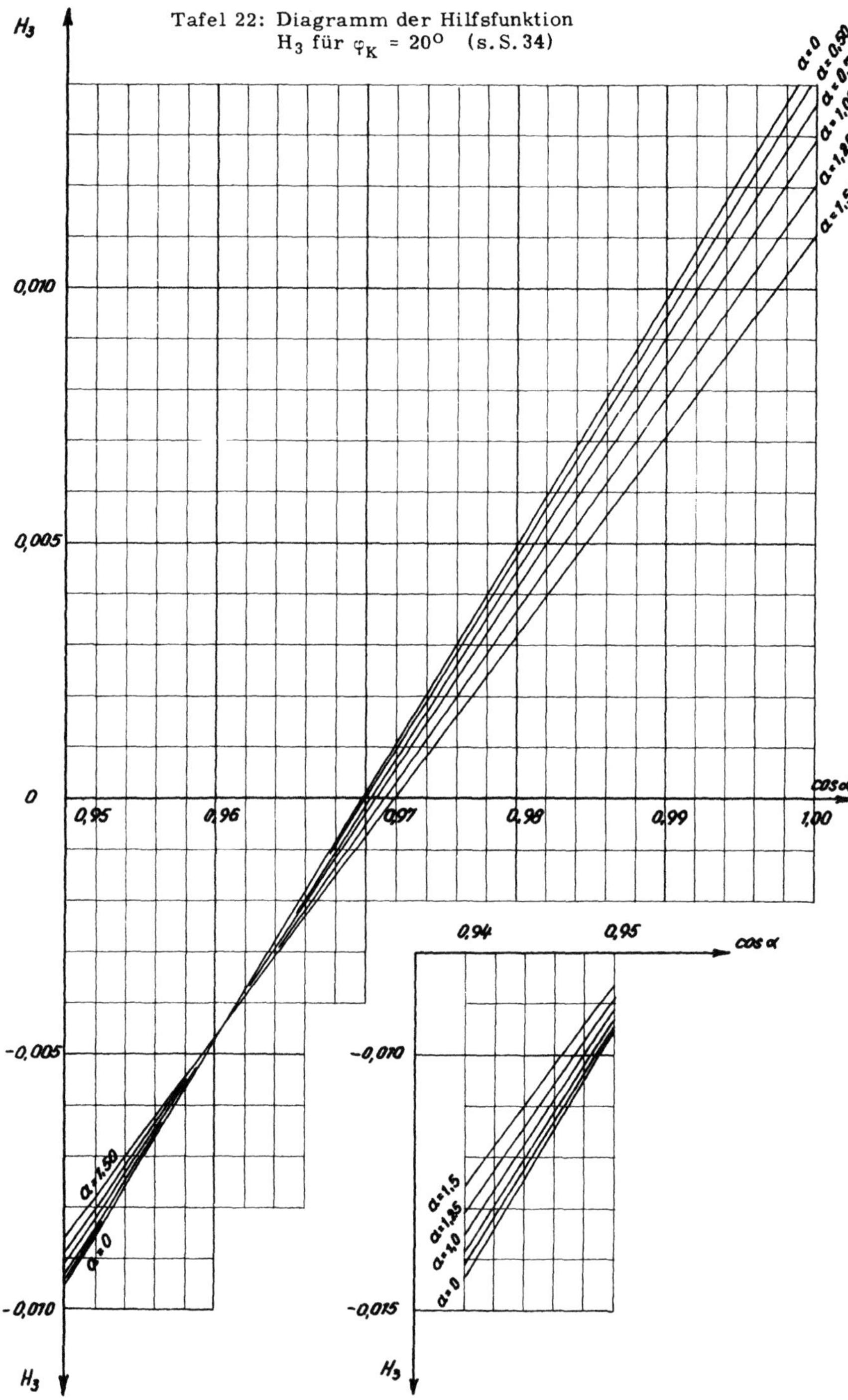

Tafel 23: Diagramm der Hilfsfunktion
H_3 für $\varphi_K = 30^{\circ}$ (s. S. 34)

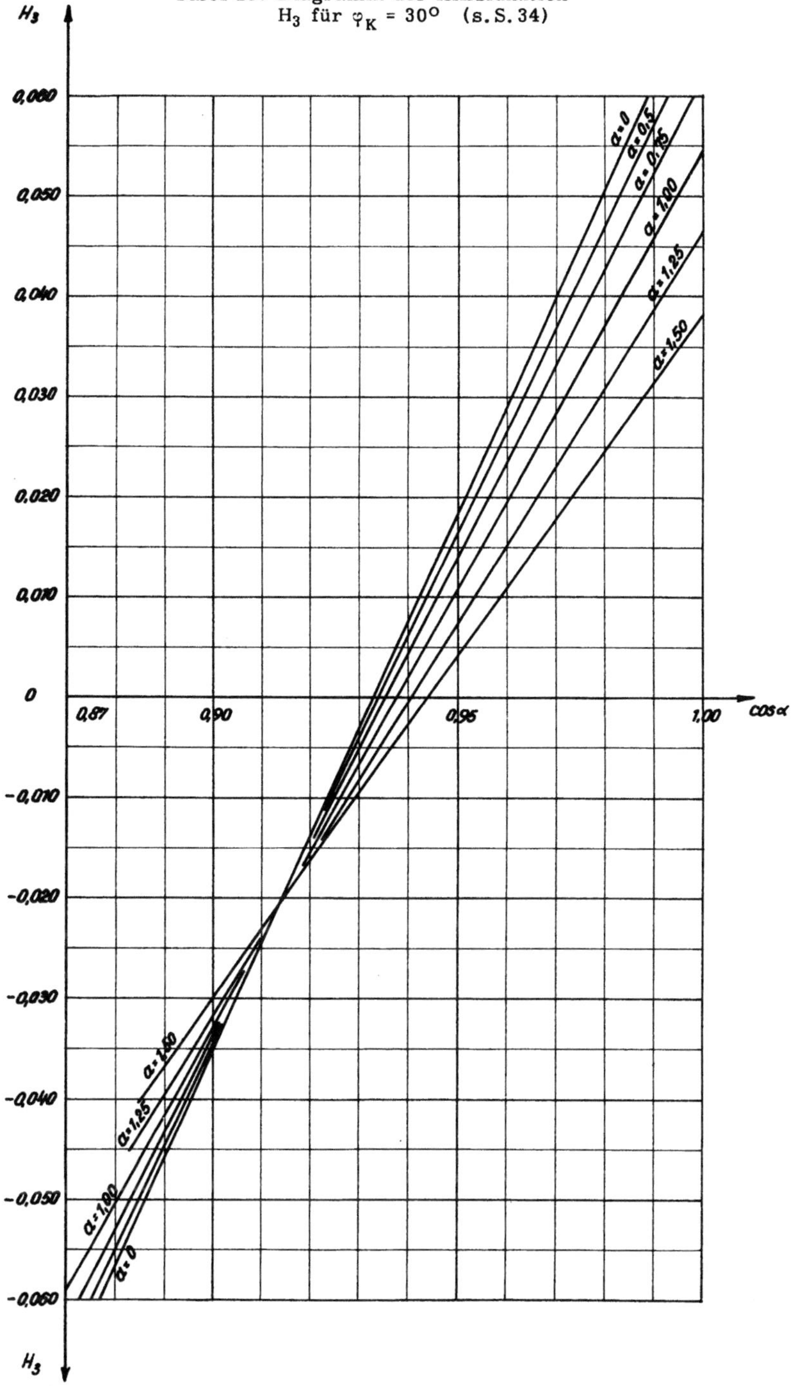

Tafel 24: Diagramm der Hilfsfunktion H_3 für $\varphi_K = 40^{\circ}$ (s. S. 34)

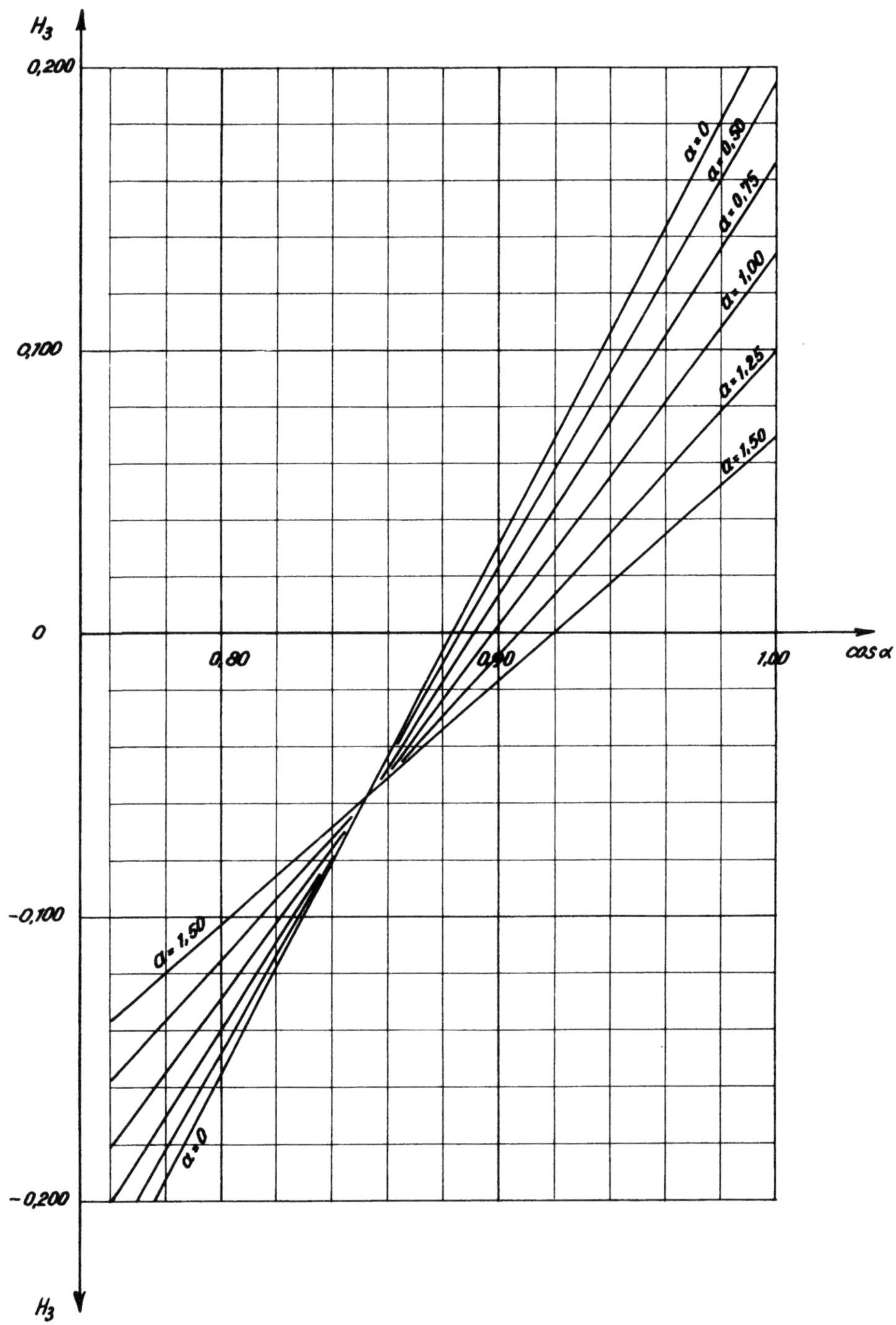

Tafel 25: Diagramm der Hilfsfunktion H_3 für $\varphi_K = 50^{\circ}$ (s. S. 34)

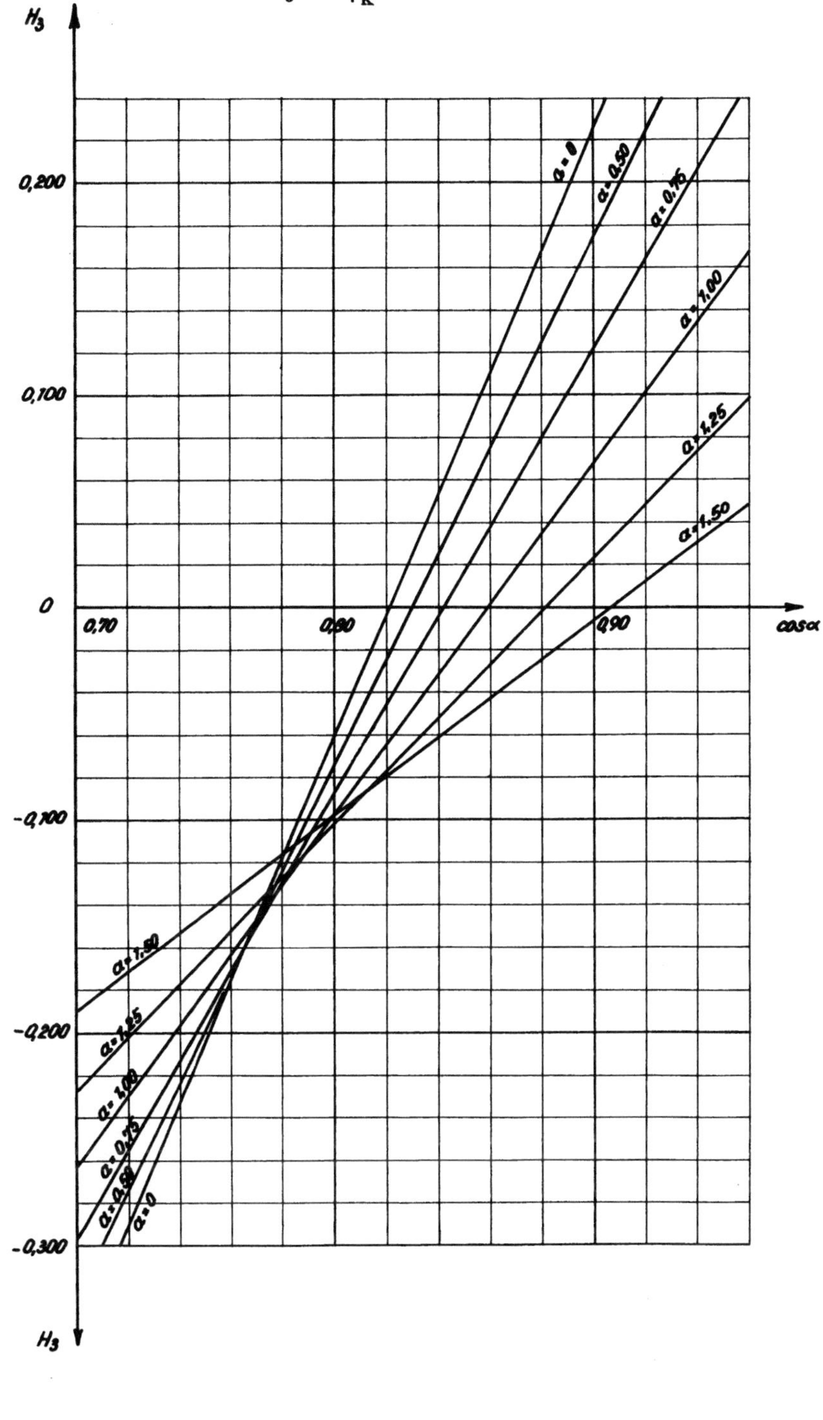

Tafel 26: Diagramm der Hilfsfunktion
H_3 für $\varphi_K = 60^o$ (s.S. 34)

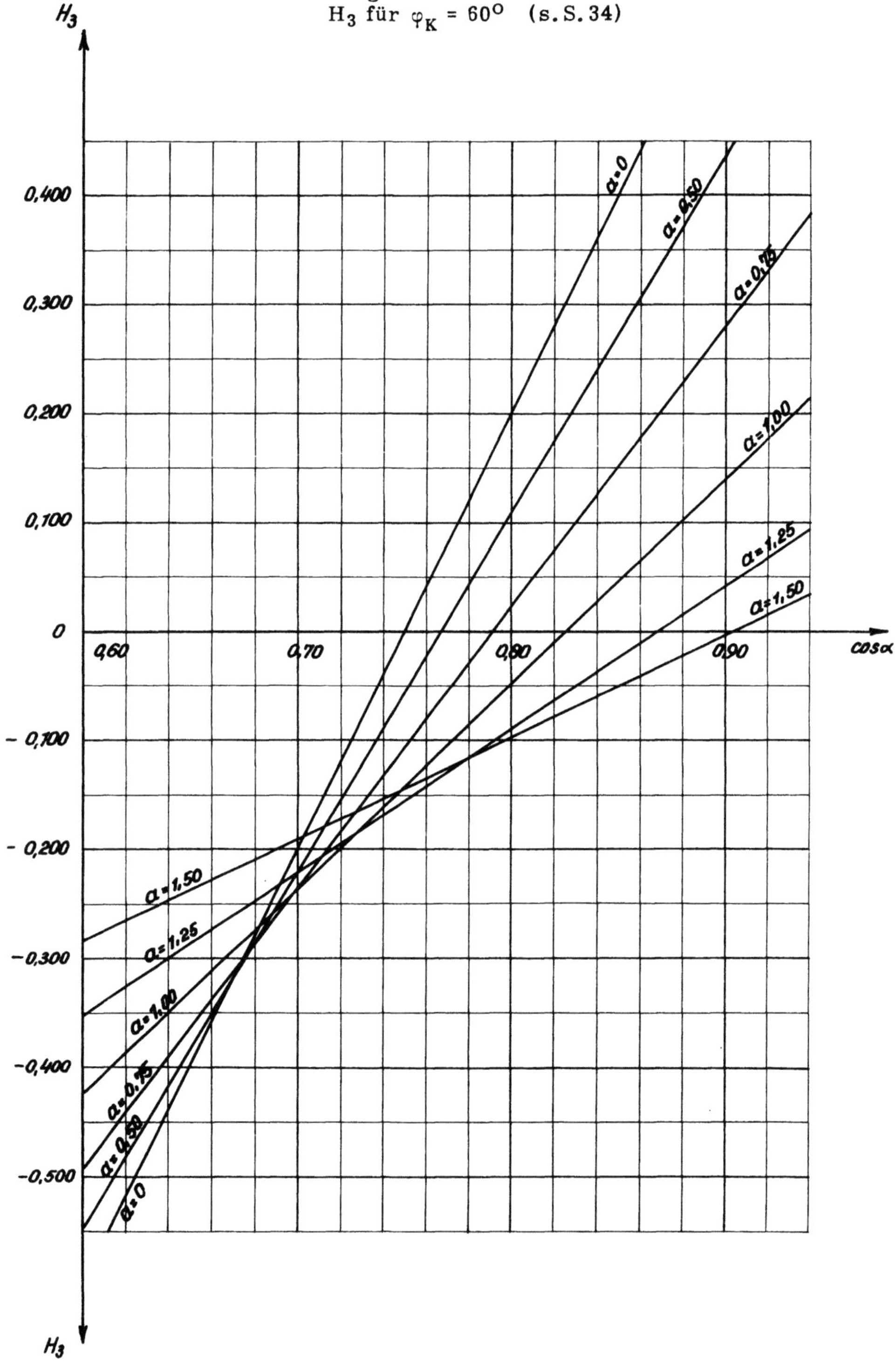

Tafel 27: Diagramm der Hilfsfunktion H_3 für $\varphi_K = 70^\circ$ (s. S. 34)

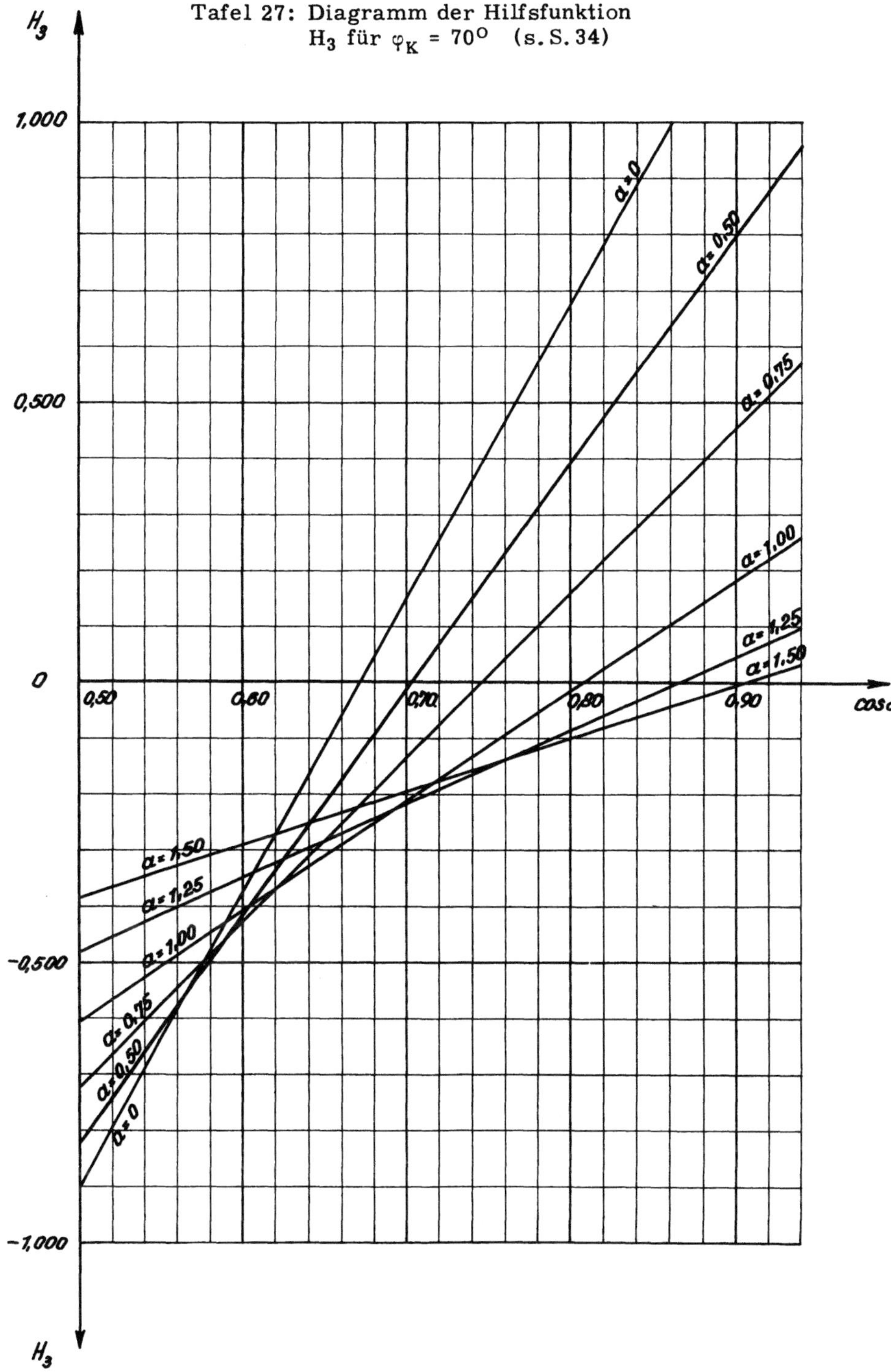

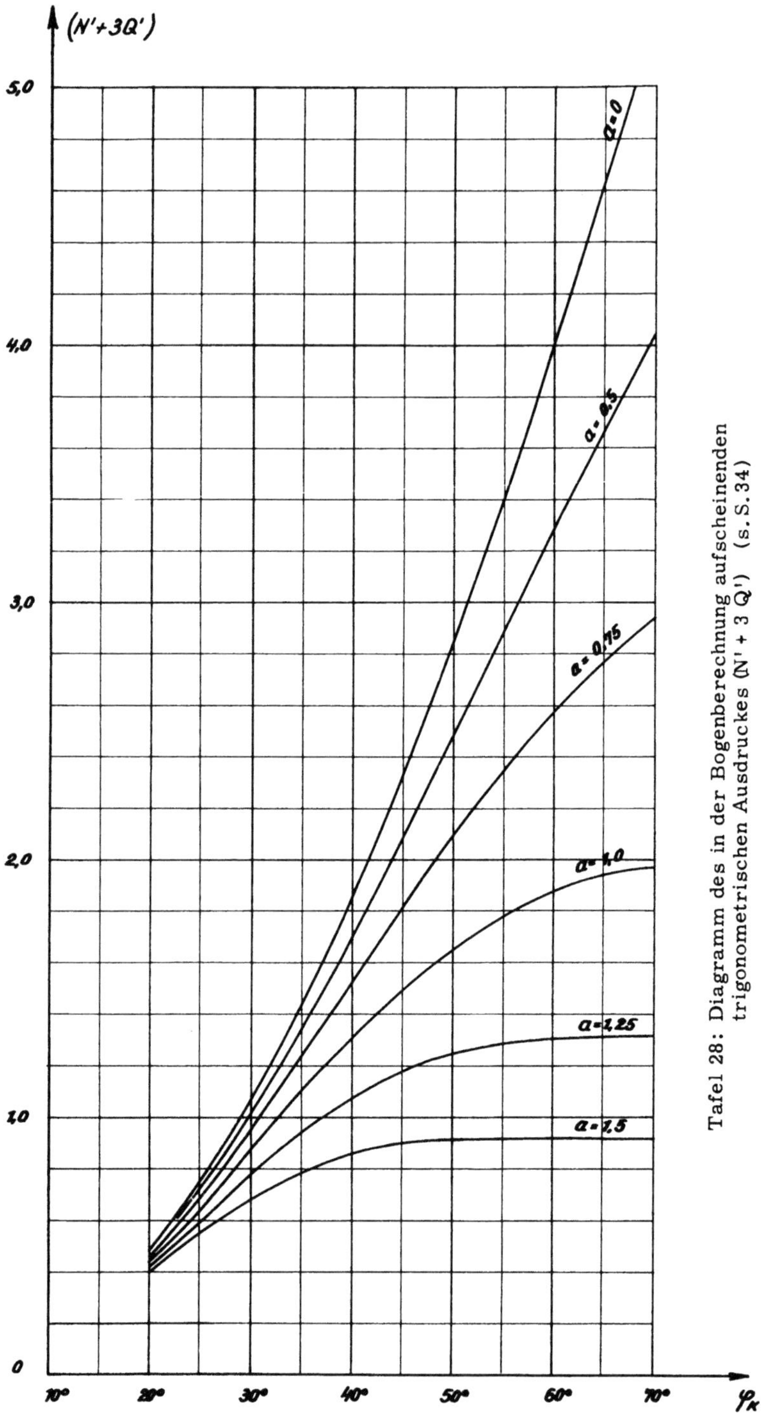

Tafel 28: Diagramm des in der Bogenberechnung aufscheinenden trigonometrischen Ausdruckes (N' + 3 Q') (s.S.34)

Tafel 29: Diagramm des in der Bogenberechnung aufscheinenden trigonometrischen Ausdruckes (R' + 3V')/2 (s. S. 34)

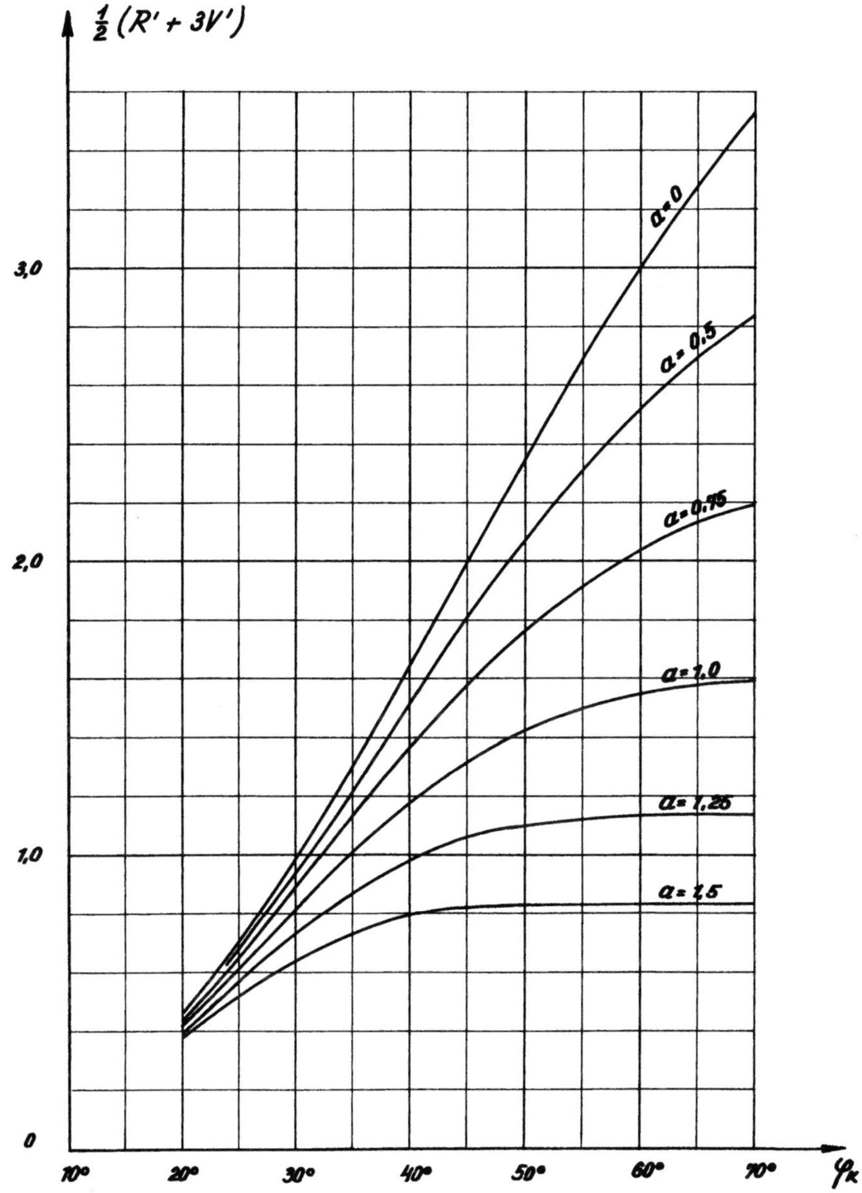

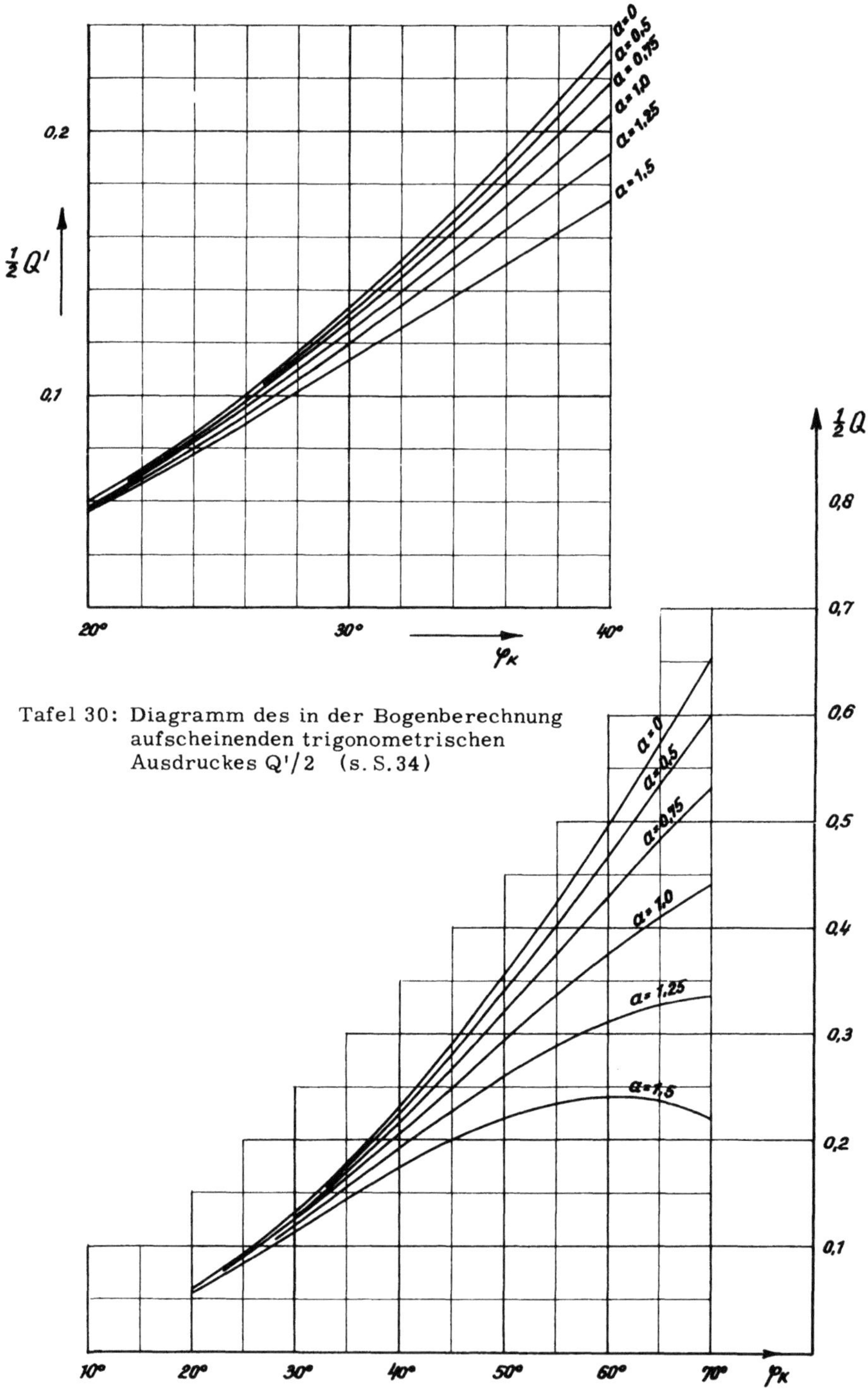

Tafel 30: Diagramm des in der Bogenberechnung aufscheinenden trigonometrischen Ausdruckes Q'/2 (s. S. 34)

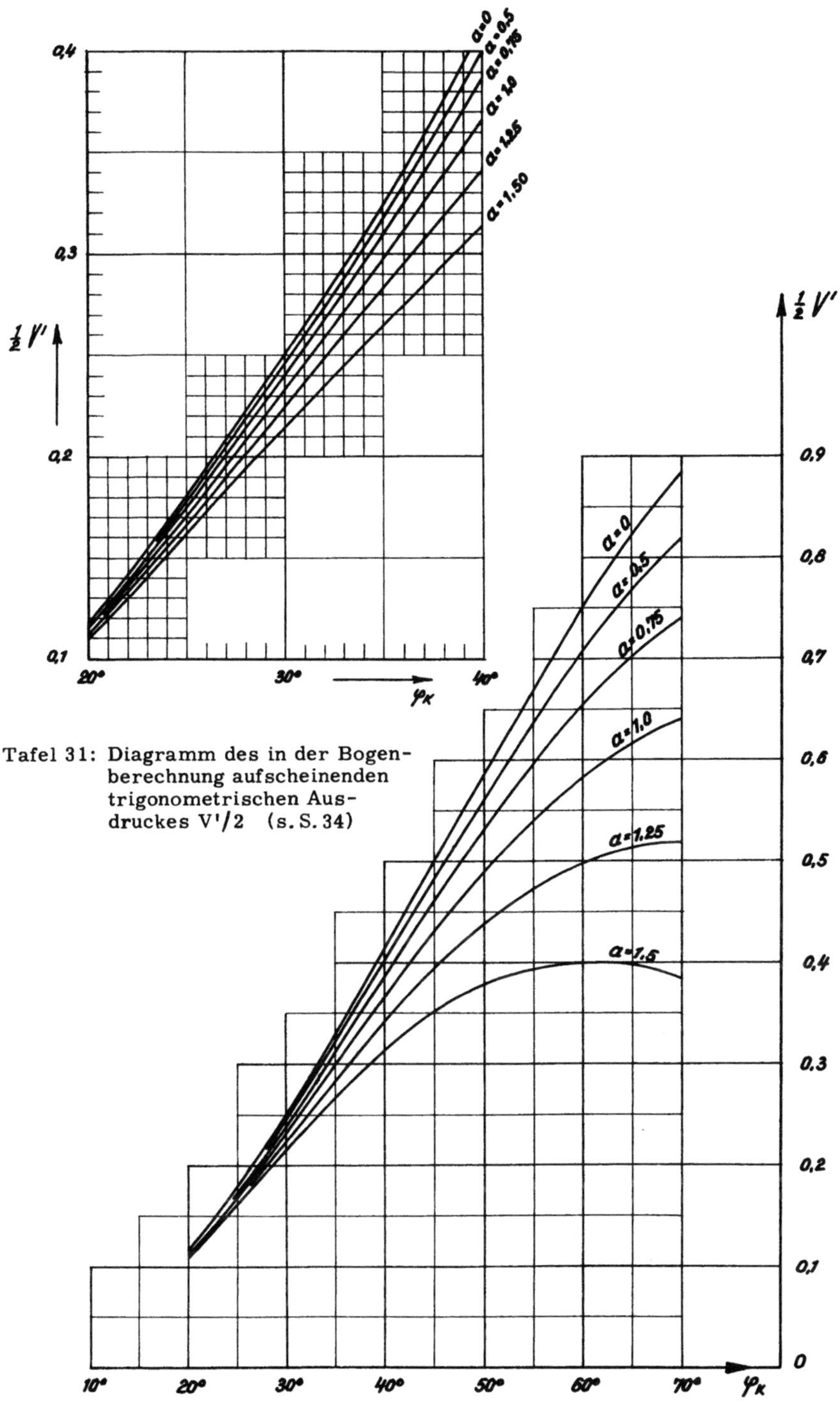

Tafel 31: Diagramm des in der Bogenberechnung aufscheinenden trigonometrischen Ausdruckes V'/2 (s. S. 34)

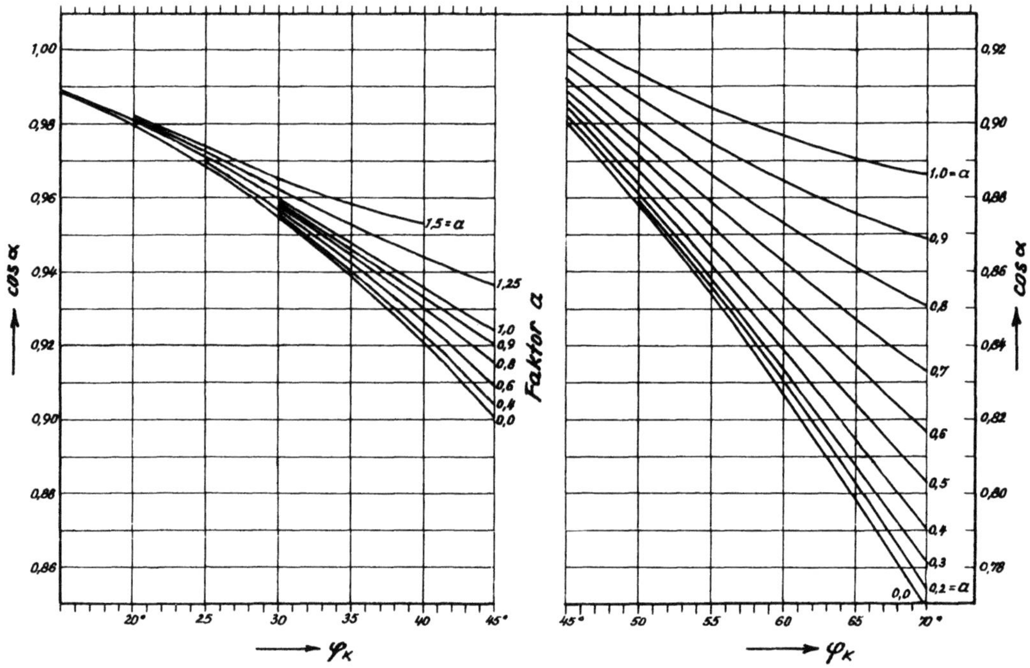

Tafel 32: (s. S. 35) Elast. Schwerpkt. (volle Einspannung)

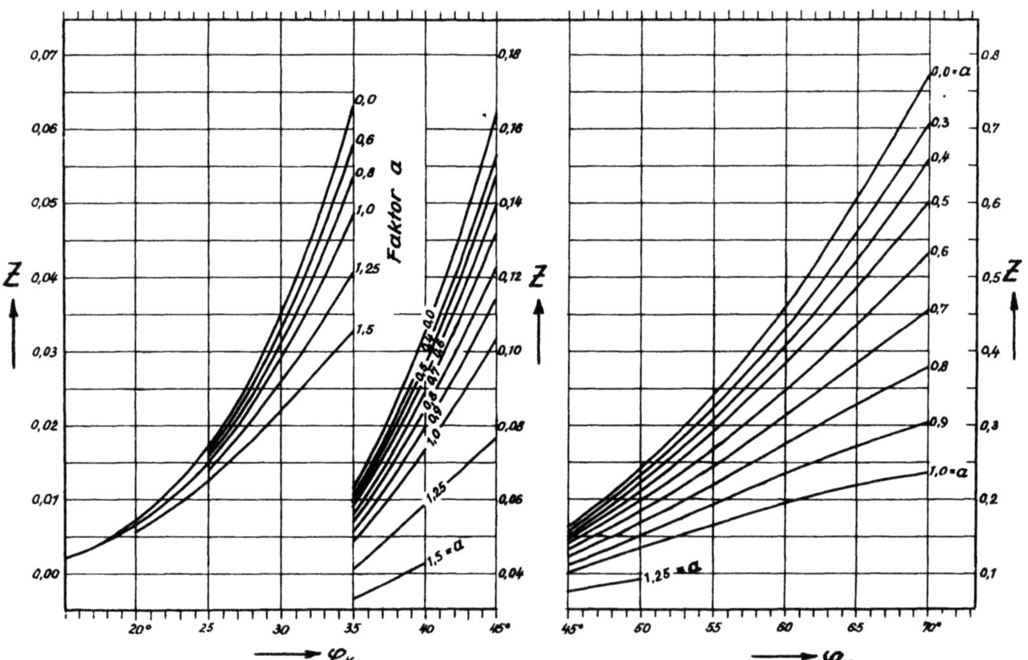

Tafel 33: (s. S. 35) trigonometr. Ausdruck Z

Entnommen aus Lit. 19

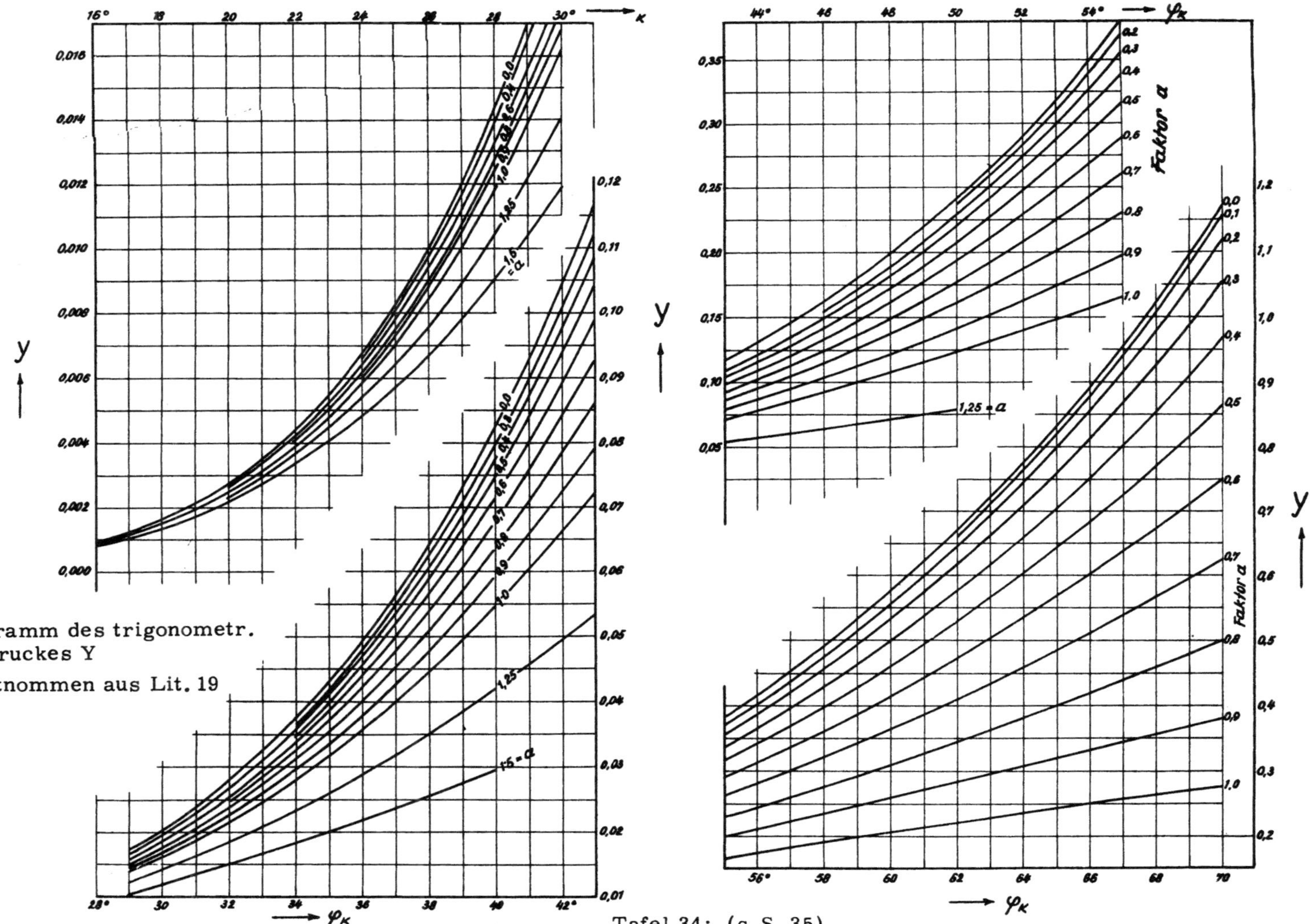

Diagramm des trigonometr. Ausdruckes Y

Entnommen aus Lit. 19

Tafel 34: (s. S. 35)

Schriftenreihe:

Die Talsperren Österreichs

Heft 1: Prof. Dr. A. W. Reitz: Beobachtungseinrichtungen an den Talsperren Salza, Hierzmann, Ranna und Wiederschwing

Heft 2: Dipl. Ing. Dr. techn. Helmut Flögel: Der Einfluss des Kriechens und der Elastizitätsänderung des Betons auf den Spannungszustand von Gewölbesperren

Heft 3: Prof. Dr. A. W. Reitz, R. Kremser u. E. Prokop: Beobachtungen an der Ranna-Talsperre 1950 bis 1952 mit bes. Berücksichtigung der betrieblichen Erfordernisse

Heft 4: Prof. Dr. Karl Stundl: Hydrochemische Untersuchungen an Stauseen

Heft 5: Prof. Dr. Josef Stini: Die baugeologischen Verhältnisse der österreichischen Talsperren

Heft 6: Dipl. Ing. Dr. Hans Petzny: Messeinrichtungen und Messungen an der Gewölbesperre Dobra

Heft 7: Dozent Dipl. Ing. Dr. techn. Erwin Tremmel: Limbergsperre, statistische Auswertung der Pendelmessungen

GPSR Compliance

The European Union's (EU) General Product Safety Regulation (GPSR) is a set of rules that requires consumer products to be safe and our obligations to ensure this.

If you have any concerns about our products, you can contact us on ProductSafety@springernature.com

In case Publisher is established outside the EU, the EU authorized representative is:

Springer Nature Customer Service Center GmbH
Europaplatz 3
69115 Heidelberg, Germany

Batch number: 10584556

Printed by Printforce, the Netherlands